Sebastian Lemke

Naturgewalten und Naturkatastrophen

Materialien für den Erdkundeunterricht am Gymnasium

Der Autor:

Sebastian Lemke ist diplomierter Geograf, Fachredakteur für Bildungsmedien und Autor mehrerer Unterrichtsmaterialien.

Gedruckt auf umweltbewusst gefertigtem, chlorfrei gebleichtem und alterungsbeständigem Papier.

1. Auflage 2013
© Persen Verlag, Hamburg
AAP Lehrerfachverlage GmbH
Alle Rechte vorbehalten.

Das Werk als Ganzes sowie in seinen Teilen unterliegt dem deutschen Urheberrecht. Der Erwerber des Werkes ist berechtigt, das Werk als Ganzes oder in seinen Teilen für den eigenen Gebrauch und den Einsatz im eigenen Unterricht zu nutzen. Downloads und Kopien dieser Seiten sind nur für den genannten Zweck gestattet, nicht jedoch für einen weiteren kommerziellen Gebrauch, für die Weiterleitung an Dritte oder für die Veröffentlichung im Internet oder in Intranets. Die Vervielfältigung, Bearbeitung, Verbreitung und jede Art der Verwertung außerhalb der Grenzen des Urheberrechtes bedürfen der vorherigen schriftlichen Zustimmung des Verlages.

Grafik: Oliver Wetterauer, Marion El-Khalafawi
Satz: Satzpunkt Ursula Ewert GmbH, Bayreuth

ISBN: 978-3-403-23260-5

www.persen.de

Inhalt

Vorwort / Einleitung ... 4

I Naturgewalten der Lithosphäre
1. Der Schalenbau der Erde ... 6
2. Von der Kontinentalverschiebung zur Plattentektonik ... 7
3. Wie Platten sich bewegen ... 8
4. Entstehung von Erdbeben ... 9
5. Messung und Auswirkungen von Erdbeben ... 10
6. Naturgewalt Tsunami ... 11
7. Erdbeben und Tsunamis – Vorhersage und Warnsysteme ... 12
8. Erdbeben und Tsunamis – Vorbeugung und Schutzmaßnahmen ... 13
9. Vulkane – Explosionen aus dem Erdinneren ... 14
10. Vulkantypen und Eruptionsarten ... 15
11. Vulkanische Gefahren ... 16
12. Massenbewegungen – vom Berg ins Tal ... 17

II Naturgewalten der Atmosphäre und Hydrosphäre
1. Aufbau der Erdatmosphäre ... 18
2. Globale atmosphärische Zirkulation ... 19
3. Zyklonen – wandernde Tiefdruckwirbel ... 20
4. Tropische Wirbelstürme ... 21
5. Tornados ... 22
6. Unwetter – extreme Wetterereignisse ... 23
7. Naturgewalt der Gezeiten ... 24
8. Sturmfluten – Naturgefahren an den Küsten ... 25
9. Hochwasser und Überschwemmungen an Flüssen ... 26
10. Gletscher – Ströme aus Eis ... 27
11. Lawinen – die weiße Gefahr ... 28
12. Dürren und Dürrekatastrophen ... 29

III Raumbeispiele – Deutschland
1. Erdbeben und Vulkane in Deutschland ... 30
2. Der Oberrheingraben – eine tektonische Schwächezone ... 31
3. Tornados über Deutschland ... 32
4. Unwetter in Deutschland ... 33
5. Sturmfluten an der Nordseeküste ... 34
6. Deiche schützen das Küstenland ... 35
7. Flusshochwasser in Deutschland ... 36
8. Landschaften – von Eiszeiten geprägt ... 37

IV Raumbeispiele – Europa
1. Wo in Europa die Erde bebt ... 38
2. Der Ätna ... 39
3. Vulkaninsel Island ... 40
4. Die Entstehung der Alpen ... 41
5. Naturgefahren in den Alpen ... 42

V Raumbeispiele – außerhalb Europas / weltweit
1. Naturgewalt, Naturgefahr oder Naturkatastrophe? ... 43
2. Naturgefahren weltweit ... 44
3. Der pazifische Raum – aktive Tektonik und Vulkanismus ... 45
4. Naturgefahren in Japan ... 46
5. Das Erdbeben in Haiti 2010 ... 47
6. Hawaii – von Vulkanen geschaffen ... 48
7. Wirbelstürme in den USA ... 49
8. Indischer Monsun ... 50
9. Land unter in Bangladesch ... 51
10. Dürregefahr in der Sahelzone ... 52

VI Lösungen
Lösungen ... 53
Illustrations- und Bildquellenverzeichnis ... 76

Vorwort

Naturgewalten und Naturkatastrophen bergen zumeist eine besondere Motivation der Schülerinnen und Schüler im erdkundlichen Unterricht.

Von den endogen hervorgerufenen Naturgewalten wie
- Vulkanen,
- Erdbeben und
- Tsunamis

bis zu den exogen verursachten Naturgewalten wie
- Zyklonen,
- Wirbelstürmen,
- Sturmfluten,
- Überschwemmungen,
- Lawinen und
- Gletschern:

Einerseits sind wir – in Anbetracht der wirkenden Kräfte – fasziniert von den Bildern spektakulärer Naturereignisse, gleichzeitig jedoch immer wieder betroffen und fassungslos angesichts ihrer ungeheuren Zerstörungskraft.

Bloße Naturschauspiele und alles vernichtende Naturkatastrophen liegen oft eng beieinander. Vor allem in ihrer katastrophalen Ausprägung sind Naturgewalten – befördert durch die mediale Berichterstattung – allgegenwärtig und bieten zahlreiche aktuelle Bezüge. Erinnert sei an Katastrophen der jüngeren Vergangenheit wie den Tsunami in Südasien 2004, den Hurrikan Katrina 2005, das Erdbeben in Haiti 2010 oder das Erdbeben in Japan 2011, das zugleich einen Tsunami auslöste und die Nuklearkatastrophe von Fukushima in Gang setzte. Ebenso gibt es Regionen, die in trauriger Regelmäßigkeit von bestimmten Katastrophen heimgesucht werden, so zum Beispiel Bangladesch von Überschwemmungen oder die Sahelzone von Dürren. Dass auch Deutschland von Naturgewalten katastrophalen Ausmaßes nicht verschont bleibt, zeigten etwa das Elbehochwasser 2002, die Hitzewelle 2003 oder der Orkan Kyrill 2007.

Die vorliegenden Arbeitsblätter „Naturgewalten und Naturkatastrophen" sind für den gymnasialen Erdkundeunterricht der Sekundarstufe I konzipiert. Die Blätter bieten inhaltlich strukturierte, lehrplanorientierte Themen, verknüpft mit konkreten Fallbeispielen, und sind lehrwerkunabhängig einsetzbar.

Einleitung

Didaktisch-inhaltlich ist die Arbeitsblattsammlung in fünf Großkapitel gegliedert:

- I Naturgewalten der Lithosphäre
- II Naturgewalten der Atmosphäre und Hydrosphäre
- III Raumbeispiele – Deutschland
- IV Raumbeispiele – Europa
- V Raumbeispiele – außerhalb Europas/weltweit

Die einführenden Kapitel I und II widmen sich den allgemeinen Grundlagen, Prozessen und Auswirkungen endogen bzw. exogen induzierter Naturgewalten. Diese Arbeitsblätter dienen vor allem der Sicherung und Vertiefung von Grundwissen. Die weiteren Kapitel III bis V beschäftigen sich mit konkreten Raumbeispielen, von Deutschland über Europa bis hin zum außereuropäischen Raum respektive zur globalen Betrachtung. Diese Arbeitsblätter dienen insbesondere dem Transfer und der Anwendung von Gelerntem auf reale, raumbezogene Prozesse und Ereignisse.

Naturgewalten und Naturkatastrophen werden in den erdkundlichen Fachlehrplänen der einzelnen Bundesländer unterschiedlich thematisiert und gewichtet. Entsprechend sollten die Arbeitsblätter für den Unterricht so ausgewählt werden, dass sie jeweils im Kontext zu den jahrgangsbezogenen Kompetenzanforderungen des Lehrplans stehen. Gleichwohl lassen sich Arbeitsblattthemen, die über einzelne Lehrplanvorgaben hinausgehen, gegebenenfalls fakultativ einsetzen.

Der Erwerb zentraler fachbezogener Kompetenzen soll u. a. unterstützt werden durch:
- die Verwendung klar operationalisierter Arbeitsaufträge,
- sorgfältig ausgewählte Materialien (Karten, Grafiken, Tabellen, Texte),
- die Berücksichtigung fachspezifischer Methoden (z. B. Kartenarbeit),
- zahlreiche Raum- und Fallbeispiele (Kapitel III–V).

Gerade die Erarbeitung konkreter Raum- und Fallbeispiele spielt beim Aufbau räumlicher Orientierungskompetenz eine exponierte Rolle. Raum- und Fallbeispiele bieten sich bevorzugt zur begleitenden Karten- bzw. Atlasarbeit sowie zur selbstständigen Informationsbeschaffung (z. B. Internetrecherche) und Präsentation der Ergebnisse an.

Verschiedene Schwierigkeitsgrade, nicht zuletzt durch Aufgabenprogression in den Arbeitsblättern, bieten Möglichkeiten zur Binnendifferenzierung.

Die angebotenen Lösungen hinten im Heft ermöglichen ein schnelles Abgleichen und Korrigieren der Arbeitsblätter und bieten nützliche Zusatzinformationen, etwa Webadressen zur weiterführenden Internetrecherche.

Sebastian Lemke   Braunschweig, im Februar 2013

I Naturgewalten der Lithosphäre

1 Der Schalenbau der Erde

1. Beschrifte den schematischen Schnitt der Erde.

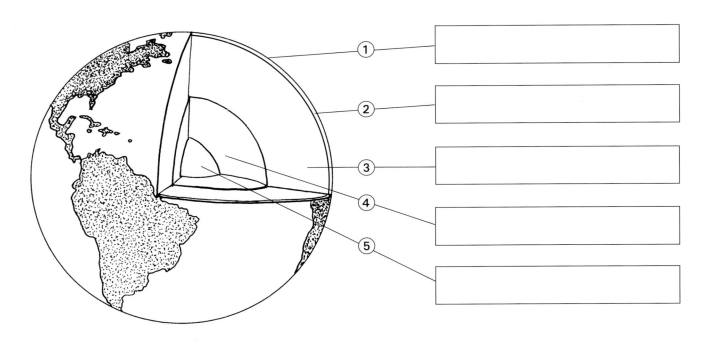

2. Ergänze den Lückentext mithilfe der Begriffe: *Asthenosphäre, äußerer Erdkern, Erdkruste, Erdmagnetfeld, Erdplatten, Gestein, innerer Erdkern, kontinentale Kruste, Lithosphäre, Nickel und Eisen, oberer Erdmantel, ozeanische Kruste, unterer Erdmantel*

Die _____ bildet die äußere „Haut der Erde" und besteht aus festem _____. Sie lässt sich unterteilen in eine dünne _____ und eine dickere _____. Unter der äußeren Schale erstreckt sich der _____ bis in eine Tiefe von rund 400 Kilometern. Er ist in seinem oberen Bereich fest und bildet zusammen mit der Erdkruste die Gesteinshülle der Erde (_____); im unteren Bereich ist die Schale plastisch und bildet die Fließzone (_____), auf der die _____ „schwimmen". Der darunterliegende _____ ist fest und reicht bis in eine Tiefe von rund 2900 Kilometern. Der _____ erstreckt sich bis in 5100 Kilometer Tiefe. Seine flüssige Nickel-Eisen-Schmelze ist verantwortlich für das _____. Der _____ reicht bis in 6370 Kilometer Tiefe und ist fest. Auch er besteht hauptsächlich aus _____.

I Naturgewalten der Lithosphäre

2 Von der Kontinentalverschiebung zur Plattentektonik

1. Nach Alfred Wegeners Theorie der Kontinentalverschiebung geht die heutige Verteilung der Kontinente auf einen zusammenhängenden Urkontinent Pangäa zurück. Dieser zerbrach und seine Teile drifteten seitdem auseinander. Recherchiere und nenne Indizien Wegeners für einen Urkontinent.

Urkontinent Pangäa

2. Aus Wegeners Theorie entwickelte sich später die Theorie der Plattentektonik. Dieser Theorie zufolge setzt sich die Erdkruste puzzleartig aus verschiedenen Platten zusammen, die sich auf der zähflüssigen Schicht des Erdmantels (Asthenosphäre) bewegen.

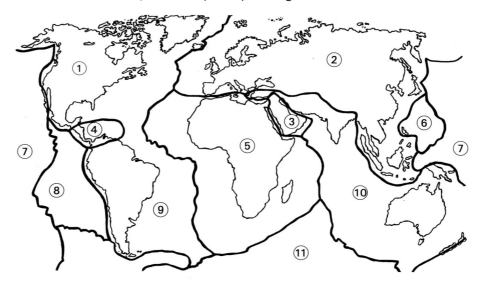

a) Benenne die Erdplatten auf der Karte. Nutze den Atlas.

① _____ ⑦ _____
② _____ ⑧ _____
③ _____ ⑨ _____
④ _____ ⑩ _____
⑤ _____ ⑪ _____
⑥ _____

b) Zeichne die Bewegungsrichtungen an den Rändern der Afrikanischen Platte anhand von Pfeilen in die Karte ein. Nimm ebenfalls den Atlas zu Hilfe.

I Naturgewalten der Lithosphäre

3 Wie Platten sich bewegen

1. An Plattengrenzen bewegen sich die Lithosphärenplatten mit unterschiedlichen Geschwindigkeiten und in unterschiedliche Richtungen. Benenne jeweils den Typ der Plattengrenze (A bis C) und beschreibe, wie sich die Platten im Verhältnis zueinander bewegen.

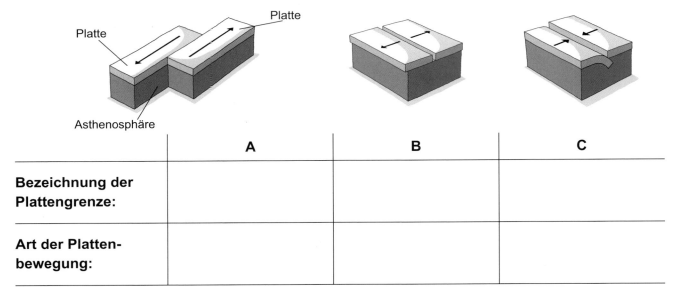

	A	B	C
Bezeichnung der Plattengrenze:			
Art der Plattenbewegung:			

2. Ordne die folgenden Begriffe einem Plattengrenzen-Typ zu und erkläre sie.

Begriff	Plattengrenze	Erklärung
Mittelozeanischer Rücken		
Subduktionszone		

3. Nenne die beiden Hauptantriebskräfte, die für das Divergieren und Abtauchen von Platten verantwortlich gemacht werden.

4. Begründe, wodurch es in Subduktionszonen zu Erdbeben und Vulkanismus kommt.

I Naturgewalten der Lithosphäre

4 Entstehung von Erdbeben

1. Definiere den Begriff „Erdbeben" in einem Satz.

   _____
   _____
   _____

2. Erdbeben lassen sich nach ihren Entstehungsprozessen unterscheiden. Recherchiere und erläutere jeweils.

   a) tektonische Beben (etwa 90 Prozent aller Erdbeben):

   _____
   _____
   _____
   _____

   b) vulkanische Beben (etwa 7 Prozent aller Erdbeben):

   _____
   _____
   _____
   _____

   c) natürliche Einsturzbeben (weniger als 3 Prozent aller Erdbeben):

   _____
   _____
   _____
   _____

3. Neben den oben genannten Erdbebenarten gibt es auch Erdbeben, die durch menschliche Tätigkeit verursacht werden, sogenannte „induzierte Erdbeben". Nenne mindestens drei mögliche Ursachen für induzierte Beben.

   _____
   _____
   _____

I Naturgewalten der Lithosphäre

5 Messung und Auswirkungen von Erdbeben

1. Zur Erfassung von Erdbeben dienen Seismografen. Beschreibe mithilfe der Grafik und der folgenden Begriffe die Funktionsweise dieser Messinstrumente.

| Erschütterung | Feder | Ruhemasse | Schreibnadel | Seismogramm |

2. Um die Stärke und Auswirkungen von Erdbeben einordnen und vergleichen zu können, wurden verschiedene Messskalen entwickelt, darunter die Richterskala.

   a) Recherchiere nach der Richterskala und ergänze in der Tabelle die möglichen Auswirkungen bei den jeweiligen Erdbebenstärken.

Stärke	Auswirkungen (z. B. Einflussradius, Ausmaß der Schäden)
1–2	
3	
4	
5	
6	
7	
8	
9	

   b) Die Richterskala ist logarithmisch zur Basis 10, das heißt die Bebenstärke wächst exponentiell zur Basis 10. Berechne, um wie viel Mal stärker ein Beben der Stärke 4 im Vergleich zu einem Beben der Stärke 1 ist.

I Naturgewalten der Lithosphäre

6 Naturgewalt Tsunami

1. Definiere, was als „Tsunami" bezeichnet wird.

2. Beschreibe mithilfe der Grafik die Entstehung eines Tsunamis.

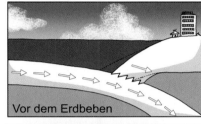
Vor dem Erdbeben

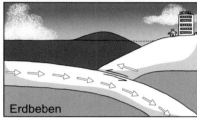
Erdbeben

Ausbreitung des Tsunamis

3. Die meisten Tsunamis treten an den Küsten des Pazifischen Ozeans auf. Erkläre.

4. Der Begriff Tsunami stammt aus dem Japanischen und bedeutet „Große Welle im Hafen".
   Begründe, weshalb Tsunamis vor allem im Küstenbereich so gefährlich sind.

I Naturgewalten der Lithosphäre

7 Erdbeben und Tsunamis – Vorhersage und Warnsysteme

1. Erdbeben lassen sich nicht genau vorhersagen. Ein Erdbebenforscher begründet: „Wenn man einen Balken biegt, kann man auch nicht genau sagen, wann der bricht." Übertrage diesen Vergleich auf ein Erdbeben und erkläre.

___

___

___

___

2. Für Tsunamis existieren sogenannte Frühwarnsysteme. Diese sollen die betroffenen Regionen warnen, bevor die zerstörerische Flutwelle die Küste erreicht. Betrachte die Grafik und ordne die Ziffern ① bis ⑥ den Erläuterungstexten zu.

○ Datenübertragung durch Funk

○ Funkboje: misst Bedingungen an Meeresoberfläche und empfängt Daten von Messgerät

○ Weiterleitung der Daten an Warnzentrum auf dem Festland

○ Satellit: empfängt Daten von Boje

○ Messgerät mit Drucksensor: erfasst Wasserdruck und Bewegungen am Meeresboden

○ Datenübertragung durch akustisches Signal

I Naturgewalten der Lithosphäre

8 Erdbeben und Tsunamis – Vorbeugung und Schutzmaßnahmen

1. Erdbeben und Tsunamis treten meist plötzlich bzw. ohne große Vorwarnzeit auf. Umso wichtiger sind Schutzmaßnahmen, die im Ernstfall einer Katastrophe entgegenwirken können.
   a) Tragt in Partnerarbeit vorbeugende Maßnahmen tabellarisch zusammen; sortiert nach baulich-technischen und persönlichen Maßnahmen (Tabelle 1).
   b) Listet in gleicher Weise Verhaltensregeln für den Ernstfall auf (Tabelle 2).

Tabelle 1: Vorbeugende Maßnahmen

... bei einem Erdbeben	... bei einem Tsunami
baulich-technische Maßnahmen	
persönliche Maßnahmen	

Tabelle 2: Verhaltensregeln im Ernstfall

... bei einem Erdbeben	... bei einem Tsunami

   c) Vergleicht und diskutiert eure Ergebnisse in der Klasse.

I Naturgewalten der Lithosphäre

9 Vulkane – Explosionen aus dem Erdinneren

1. Betrachte das folgende Blockbild eines typischen Schichtvulkans und ordne den Ziffern die richtigen Begriffe zu.

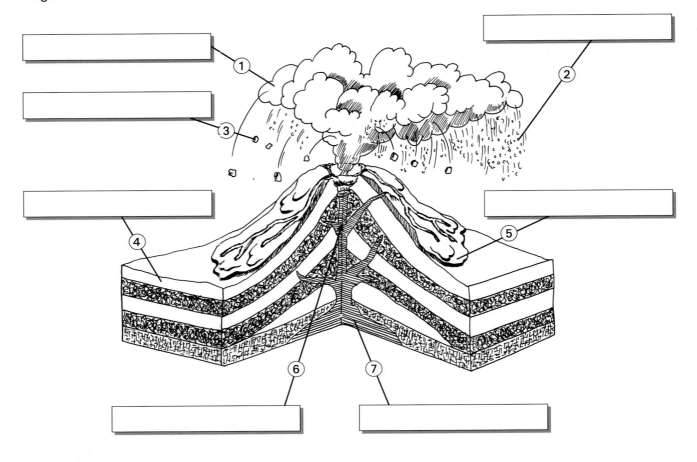

2. Erkläre stichpunktartig die Entstehung und den Ausbruch eines Schichtvulkans. Verwende dabei die oben eingetragenen Begriffe.

_____
_____
_____
_____
_____
_____
_____

3. Nenne Anzeichen, die auf Vulkanausbrüche hindeuten können.

_____
_____

10 Vulkantypen und Eruptionsarten

1. Vulkane lassen sich ihrer äußeren Form nach in verschiedene Vulkantypen unterteilen. Beschreibe die Formen A bis C und ordne sie einem Vulkantyp (Schichtvulkan, Schildvulkan, Caldera) zu.

	A	B	C
Form:			
Vulkantyp:			

2. Kommt es zu einem Vulkanausbruch, spricht man von Eruption. Eruptionen können ganz unterschiedliche Formen annehmen. Zu den bekannten zählen die plinianische, die strombolianische und die hawaiianische Eruption.

    a) Ergänze in den Texten ① bis ③ jeweils die umschriebene Eruptionsart und den Namensgeber (Plinius der Jüngere, Vulkan Stromboli, Vulkane auf Hawaii).

    ① Die _____ Eruption bildet einen flüssigen Lavastrom, der ohne heftige Explosionen abwärts fließt, verbunden mit Lavafontänen. Die Lava sammelt sich im Krater oder in der umgebenden Landschaft. Namensgeber: _____ .

    ② Die _____ Eruption ist außerordentlich explosiv, verbunden mit gewaltigen Eruptionswolken und starken Ascheregen. Oberhalb des Kraters bildet sich eine bis zu 30 Kilometer hohe Eruptionssäule. Namensgeber: _____ .

    ③ Die _____ Eruption besteht aus einzelnen Explosionen, die im Abstand von Sekunden bis hin zu wenigen Tagen erfolgen können. Sie fördert deutlich weniger Material als die plinianische Eruption, ist aber explosiver als die hawaiianische Eruption. Namensgeber: _____ .

    b) Bestimme die abgebildeten Eruptionsarten A bis C.

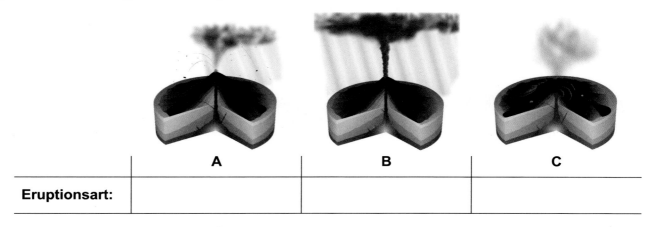

	A	B	C
Eruptionsart:			

I Naturgewalten der Lithosphäre

11 Vulkanische Gefahren

1. Als vulkanische Gefahren gelten vor allem Lavaströme, pyroklastische Ströme, Lahare, Asche- und Säureregen, Pyroklasten und Hangrutschungen.

   a) Ergänze in den Texten ① bis ⑥ die jeweils umschriebene vulkanische Gefahr.

   ① _____: Schlamm- und Schuttströme aus Asche und Gesteinsbrocken in Verbindung mit Wasser; erreichen Geschwindigkeiten bis zu 100 km/h und Temperaturen bis zu 100 °C; können weite Strecken (bis 100 km) zurücklegen und dabei große Flächen überschwemmen.

   ② _____: wolkenartige Glutlawinen aus heißer Asche, Gasen und Gesteinsbrocken; erreichen Geschwindigkeiten von 100 bis 400 km/h und innere Temperaturen bis über 500 °C; begleitet von explosiver Druckwelle vernichten sie alles, was ihren Weg kreuzt.

   ③ _____: vulkanisches Lockermaterial, das bei einem Vulkanausbruch ausgeworfen und abgelagert wird; je nach Größe werden Aschepartikel, Lapilli und Bomben unterschieden.

   ④ _____: Abrutschen von Vulkanhängen; können auf ihrem Weg ins Tal große Zerstörungen anrichten.

   ⑤ _____: ausfließende heiße Gesteinsmassen (Lava); können sehr dünnflüssig bis zähflüssig sein; dünnflüssig sind sie bis 50 km/h schnell und können weite Strecken zurücklegen; in zähflüssiger Form vergleichsweise langsam.

   ⑥ _____: Staubpartikel und säurehaltige Verbindungen, die beim Vulkanausbruch freigesetzt werden und als Niederschlag auf die Erdoberfläche gelangen; reizen Atemwege und Augen von Mensch und Tier und stellen Gefahr für Pflanzen dar; große Aschemengen können z. B. Gebäude verschütten und zum Einsturz bringen.

   b) Bestimme die vulkanischen Gefahren in der Grafik, indem du die Beschreibungstexte ① bis ⑥ entsprechend neu nummerierst.

I Naturgewalten der Lithosphäre

12 Massenbewegungen – vom Berg ins Tal

1. a) Suche und markiere im Gitterrätsel sechs Naturgefahren, die besonders im Gebirge auftreten.

B	H	R	G	L	T	D	F	H	N	G	B	L	V
L	M	F	O	A	B	U	U	M	U	R	E	R	A
S	E	C	H	W	R	B	M	C	E	Y	R	D	B
N	S	T	E	I	N	S	C	H	L	A	G	W	L
O	D	X	J	N	Q	A	L	D	O	M	S	Z	I
R	M	S	W	E	L	S	W	E	Z	D	T	O	K
A	H	A	N	G	R	U	T	S	C	H	U	N	G
A	N	Q	Z	C	S	R	G	I	A	M	R	P	S
V	E	R	D	R	U	T	S	C	H	G	Z	O	T

b) Alle sechs Naturgefahren sind „Massenbewegungen". Erkläre den Begriff in einem Satz.

_____

_____

2. Beschreibe und deute die abgebildeten Warnschilder.

a)  _____

_____

_____

b)  _____

_____

_____

3. Massenbewegungen treten meistens in instabilen Hangregionen auf. Die Ursachen können sowohl natürlicher Art, als auch menschlich beeinflusst sein. Erläutere mindestens drei Faktoren, die die Gefahr von Massenbewegungen an Hängen erhöhen.

_____

_____

_____

_____

_____

II Naturgewalten der Atmosphäre und Hydrosphäre

1 Aufbau der Erdatmosphäre

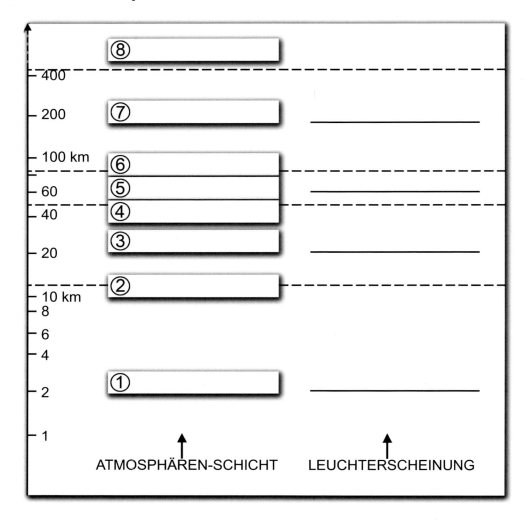

1. a) Ergänze in den Feldern ① bis ⑧ die Atmosphärenschichten: Mesopause, Troposphäre, Thermosphäre (Ionosphäre), Stratopause, Exosphäre, Tropopause, Stratosphäre, Mesosphäre.
   b) Ordne die folgenden Leuchterscheinungen einer Atmosphärenschicht zu und trage sie in die Grafik ein: Polarlicht, Blitze, Meteore (Sternschnuppen), Perlmuttwolken.

2. Begründe jeweils:
   a) Verkehrsflugzeuge fliegen auf ihrer Reiseflughöhe bevorzugt am oberen Ende der Troposphäre, dem Bereich der Tropopause.

   b) Flugzeuge verfügen über Druckkabinen.

II Naturgewalten der Atmosphäre und Hydrosphäre

2 Globale atmosphärische Zirkulation

1. a) Zwischen dem Äquator und den Polen besteht ein Energie- und Temperaturgegensatz. Beschreibe und erkläre diesen Gegensatz.

   b) Hinsichtlich der Strahlungsbilanzen müsste es am Äquator immer wärmer und an den Polen zunehmend kälter werden. Begründe anhand der globalen atmosphärischen Zirkulation, weshalb dies nicht der Fall ist.

2. Ergänze im Schema der globalen atmosphärischen Zirkulation die zwei bestimmenden Höhenwinde und die drei bodennahen Windsysteme.

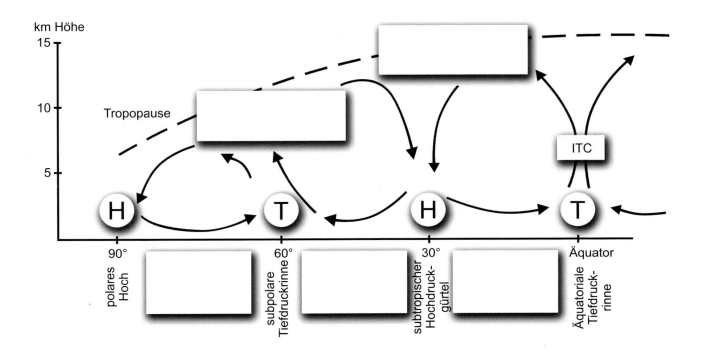

II Naturgewalten der Atmosphäre und Hydrosphäre

3 Zyklonen – wandernde Tiefdruckwirbel

1. Der Text beschreibt den typischen Lebenslauf einer Zyklone über Europa.
   a) Ergänze die fehlenden Begriffe.
   b) Gib den fünf Stadien jeweils eine passende Überschrift: Reifestadium, Okklusion, Entwicklung, Anfangssituation, Wellenstörung

---

Stadium 1: Entlang der _____, etwa auf der Höhe Islands, trifft warme _____ luft aus dem Süden mit kalter _____ luft aus dem Norden zusammen. Der über der Polarfront befindliche Höhenstrahlstrom (_____) in der wärmeren Luftmasse weht verhältnismäßig langsam.

Stadium 2: Der große _____ gegensatz zwischen beiden Luftmassen führt dazu, dass die Grenzfläche in Schwingungen versetzt und wellenförmig verbogen wird. Der Jetstream beginnt zu mäandrieren, es bilden sich Tröge und Rücken. In den Trögen fällt der Druck in Bodennähe ab – es entsteht ein Tiefdruckgebiet (_____).

Stadium 3: Um den Kern des Tiefs beginnt sich die Luft gegen den Uhrzeigersinn zu drehen. Dabei dringt die warme Tropikluft nach Norden gegen die kalte Polarluft vor, während die Polarluft nach Süden gegen die Tropikluft verschoben wird. Am vorderen Rand der Tropikluft bildet sich eine _____; am vorderen Rand der Polarluft eine _____. An der Warmfront gleitet die leichtere Warmluft mit einem höheren Feuchtigkeitsgehalt auf die kalte Luft auf und kühlt sich dabei ab. Es kommt zur Bewölkung und _____.

Stadium 4: Die warme Luft strömt weiter nach Norden und die kalte Luft weiter nach Süden. Das Tief hat sich zu einem Wirbel entwickelt und wandert mit dem Jetstream in der Höhe nach _____. Zwischen Warmfront und Kaltfront befindet sich ein Keil von Warmluft, der sogenannte _____.

Stadium 5: Da die warme Luft durch das Aufgleiten Bewegungsenergie verliert, rückt die Kaltfront zunehmend an die Warmfront heran; der _____ wird immer kleiner. Schließlich holt die Kaltfront die Warmfront ein. Die kalte Luft schiebt sich unter die warme Luft und hebt diese vom Boden ab. Es kommt zur _____; beide Fronten vereinigen sich zu einer _____ front. Die leichtere Warmluft gleitet auf die Kaltluft auf, wird vollständig in die Höhe gehoben und kühlt sich ab. Im Endstadium besteht das ganze Tief nur noch aus Kaltluft. Die _____ löst sich auf.

---

2. Erläutere die Bedeutung der Zyklonen für die globale atmosphärische Zirkulation.

_____

_____

II Naturgewalten der Atmosphäre und Hydrosphäre

4 Tropische Wirbelstürme

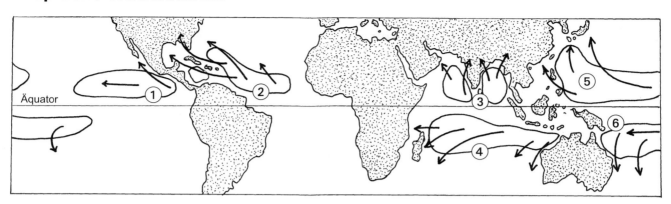

1. Tropische Wirbelstürme tragen je nach Entstehungsgebiet unterschiedliche Namen. Benenne mithilfe der Karte die Hauptentstehungsgebiete und ergänze die jeweilige Bezeichnung des Wirbelsturms.

	Entstehungsgebiet	Bezeichnung des Wirbelsturms
①		
②		
③		
④		
⑤		
⑥		

2. Recherchiere die Bedingungen, unter denen tropische Wirbelstürme entstehen. Notiere stichpunktartig.

II Naturgewalten der Atmosphäre und Hydrosphäre

5 Tornados

1. Was sind Tornados und unter welchen Bedingungen entstehen sie? Ergänze den Lückentext mithilfe der folgenden Begriffe: *Achse, Aufsteigen, Erdboden, Festland, feuchtwarme Luft, Großtromben, Hurrikan, Kaltluft, schmal, Sonneneinstrahlung, Temperatur, Windhosen, Windstärke, Wirbelsturm, Wolke*

> Ein Tornado ist ein schnell rotierender _____, der sich vom _____ bis zur Unterseite einer _____ erstreckt. Im Vergleich zu einem _____ ist der entstehende Luftwirbel eines Tornados sehr _____ und ähnelt einer fast senkrechten Röhre, die sich schnell um ihre eigene _____ dreht. Tornados werden auch als _____ oder _____ bezeichnet.
> Tornados entstehen über dem _____ in Verbindung mit mächtigen Gewitterwolken. Eine Grundvoraussetzung ist, dass _____ am Boden auf hochreichende _____ trifft. Dabei kommt es zu großer Feuchtigkeits- und _____ gegensätzen. Gleichzeitig müssen die _____ und Windrichtung am Boden und in der Höhe unterschiedlich stark ausgeprägt sein. Intensive _____ führt schließlich zum spiralförmigen _____ bodennaher Warmluft.

2. Beschreibe anhand der Grafik die unterschiedlichen Luftströme, die innerhalb eines Tornados bestehen.

   _____
   _____
   _____
   _____
   _____

3. Tornados werden anhand der Fujita-Skala in sogenannten F-Stufen klassifiziert. Recherchiere und stelle die Windgeschwindigkeiten und mögliche Schäden eines F0- und eines F5-Tornados gegenüber. Vergleicht eure Ergebnisse.

F-Stufe	Windgeschwindigkeit	Schäden
F0		
F5		

II Naturgewalten der Atmosphäre und Hydrosphäre

6 Unwetter – extreme Wetterereignisse

1. „Unwetter" steht als Sammelbegriff für extreme Wetterereignisse. Diese richten oft große Schäden an und können lebensbedrohlich sein. Nenne mindestens fünf Unwetterereignisse.

   _____
   _____
   _____

2. Zu den komplexen Unwetterereignissen zählen Gewitter, begleitet von Blitz, Donner und heftigen Schauern (z. B. Regen, Hagel).

   a) Die Grafik zeigt ein typisches „Wärmegewitter".
   Kreuze die zutreffenden Aussagen an.

   Wärmegewitter bilden sich, …
   ☐ wenn kalte Luft entlang einer Kaltfront auf feuchtwarme Luft trifft und die warme Luft zum raschen Aufstieg gezwungen wird.
   ☐ wenn bodennahe, feuchtwarme Luft über dem Festland in große Höhe aufsteigt.

   Wärmegewitter treten …
   ☐ in sommerlichen Hitzeperioden auf.
   ☐ in der warmen und kalten Jahreszeit auf.

   Wärmegewitter entstehen …
   ☐ nur über dem Festland.
   ☐ sowohl über dem Festland als auch über dem Meer.

   b) Nenne die Gewitterart, für die die anderen drei Aussagen in Aufgabe 2a) zutreffen.

   _____

3. a) Erkläre, wodurch Blitze entstehen.

   _____
   _____
   _____
   _____
   _____

   b) Obwohl Blitz und Donner bei einem Gewitter gleichzeitig entstehen, nimmt man den Blitz vor dem Donner wahr. Begründe.

   _____
   _____
   _____

II Naturgewalten der Atmosphäre und Hydrosphäre

7 Naturgewalt der Gezeiten

1. Die Gezeiten bezeichnen das periodische Steigen und Fallen des Meeresspiegels.

   Ordne der rechten Grafik die richtigen Begriffe zu und erkläre diese in einem Satz: Tidenhub, Niedrigwasser, Flut, Ebbe, Hochwasser

   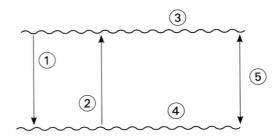

   ① _____

   ② _____

   ③ _____

   ④ _____

   ⑤ _____

2. In bestimmter Konstellation von Erde, Mond und Sonne fällt der Tidenhub besonders hoch oder besonders niedrig aus. Erkläre mithilfe der Grafiken, unter welchen Voraussetzungen es zur Springtide (Springflut) bzw. zur Nipptide (Nippflut) kommt.

   Springtide:

   Nipptide:

II Naturgewalten der Atmosphäre und Hydrosphäre

8 Sturmfluten – Naturgefahren an den Küsten

1. Eine Sturmflut tritt ein, wenn das Hochwasser bei Sturm mindestens 1,50 m höher aufläuft als im Mittel. Ab einem Hochwasserstand von 2,50 m über dem mittleren Hochwasser spricht man von einer schweren Sturmflut, ab 3,50 m von einer sehr schweren Sturmflut.

    a) Die Entstehung von Sturmfluten wird von verschiedenen Faktoren begünstigt. Nenne mindestens zwei Einflussfaktoren und erkläre diese beispielhaft.

    b) Beschreibe Gefahren, die von Sturmfluten ausgehen.

2. Einige Wissenschaftler prognostizieren, dass sich die Sturmflutgefahren infolge des Klimawandels erhöhen. Diskutiere mögliche Gründe.

II Naturgewalten der Atmosphäre und Hydrosphäre

9 Hochwasser und Überschwemmungen an Flüssen

1. Erkläre mithilfe der Grafik, was man unter einem Hochwasser versteht.

   I Niedrigwasser

   II Mittelwasser

   III Hochwasser

   _____
   _____
   _____
   _____

2. a) Nenne Wetterereignisse, die zu einem erhöhten Hochwasserrisiko führen.

   _____
   _____

   b) Auch menschliche Eingriffe in den Naturhaushalt können zur Entstehung von Hochwassern entscheidend beitragen. Nenne zwei Beispiele und begründe jeweils ihren Einfluss.

   _____
   _____
   _____
   _____
   _____
   _____
   _____

3. Wenn ein Fluss bei Hochwasser über seine Ufer tritt, kann dies zu großen Überschwemmungen führen. Diskutiert mögliche Folgen.

   _____
   _____
   _____
   _____
   _____
   _____

II Naturgewalten der Atmosphäre und Hydrosphäre

10 Gletscher – Ströme aus Eis

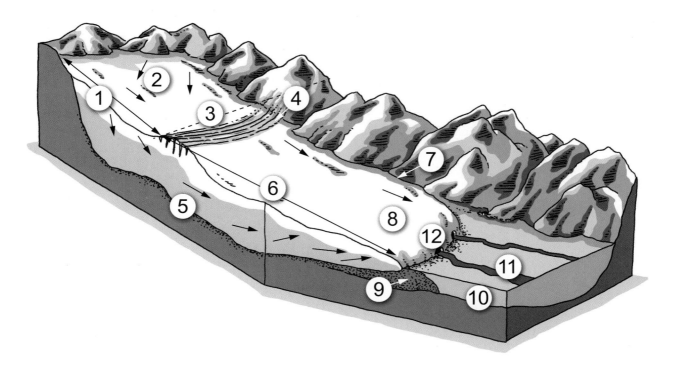

1. Ordne die Ziffern ① bis ⑫ aus dem Blockbild jeweils richtig zu.

   ○ Endmoräne ○ Nährgebiet
   ○ Gletscherbach ○ Sandersedimente
   ○ Gletscherspalten ○ Schneegrenze
   ○ Gletschertor ○ Schnee- und Firnfeld
   ○ Gletscherzunge ○ Seitenmoräne
   ○ Grundmoräne ○ Zehrgebiet

2. Ergänze den Text zur Entstehung von Gletschern.

   Ein Gletscher entsteht nur unter zwei Bedingungen: Erstens muss ausreichend Niederschlag

   in Form von _____ fallen, zweitens muss ein Teil des Schnees auch in den

   _____monaten liegen bleiben. Beide Voraussetzungen sind oberhalb der

   klimatischen _____ erfüllt. Dort befindet sich das _____gebiet des

   Gletschers. Aus dem Neuschnee bildet sich zunächst der _____ und durch

   zunehmenden _____ schließlich _____. Erst wenn die Eismassen eine

   ausreichende _____ besitzen und beginnen sich talwärts zu bewegen, spricht

   man von einem _____. Das Gebiet, in dem ein Gletscher anfängt zu schmelzen, wird

   als _____ bezeichnet.

II Naturgewalten der Atmosphäre und Hydrosphäre

11 Lawinen – die weiße Gefahr

1. Es werden grundsätzlich drei Arten von Lawinen unterschieden: die Schneebrettlawine, die Lockerschneelawine und die Staublawine.

   a) Betrachte die Bilder und bestimme den jeweils abgebildeten Lawinentyp.

   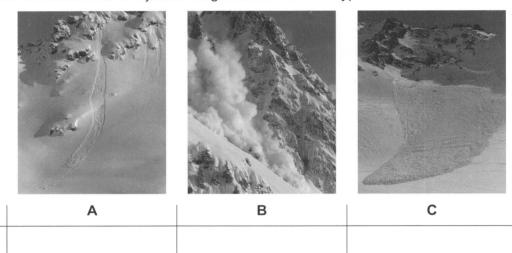

	A	B	C
Lawinentyp:			

   b) Ordne die folgenden Merkmale jeweils einem Lawinentyp zu: ① *hat punktförmigen Anriss*, ② *ist bis zu 350 km/h schnell*, ③ *erzeugt gefährliche Druckwellen*, ④ *gilt als typische Skifahrer-Lawine*, ⑤ *hat linienförmigen Anriss*, ⑥ *reißt durch Kettenreaktion immer mehr Schnee mit sich*, ⑦ *besteht aus Luft-Schnee-Gemisch*, ⑧ *gleitet in Schollen talwärts*, ⑨ *vergleichsweise weniger gefährlich*

Schneebrettlawine	Lockerschneelawine	Staublawine

2. a) Lawinen werden immer durch mehrere Faktoren ausgelöst. Nenne mindestens drei natürliche Faktoren, die die Lawinenbildung beeinflussen.

   b) Auch menschliches Handeln kann die Entstehung von Lawinen begünstigen oder diese sogar auslösen. Begründe.

II Naturgewalten der Atmosphäre und Hydrosphäre

12 Dürren und Dürrekatastrophen

1. a) Erkläre den Begriff „Dürre".

    b) Beschreibe, wann sich eine Dürre zu einer Dürre*katastrophe* ausweitet.

2. Dürren können unterschiedlichste Ursachen und Folgen haben.
   Erstelle mithilfe der folgenden Stichwörter ein Wirkungsschema in deinem Heft:

   Trinkwasserknappheit; Hungersnot; zu wenig Kühlwasser für Kraftwerke; warme, trockene Winde; Krankheiten; weniger Viehfutter; Gefahr von Waldbränden; zu geringe Niederschläge; „Hitzetote"; höhere Verdunstung durch höhere Temperaturen; Engpässe in der Stromversorgung; Dürre; sinkende Wasserstände von Grundwasser, Flüssen und Seen; Ernteausfälle

III Raumbeispiele – Deutschland

1 Erdbeben und Vulkane in Deutschland

1. Ergänze den Lückentext mit den folgenden Begriffen: *Deutschland, Erdbeben, Laacher See, Schäden, schwach, spürbar, Vulkanausbruch, Wahrscheinlichkeit*

   Obwohl in _____ jedes Jahr mehrere hundert _____ gemessen werden, sind diese meistens so _____, dass sie kaum _____ sind und keine _____ anrichten. Die _____ für ein starkes Erdbeben ist in Deutschland sehr gering. Noch geringer ist die Wahrscheinlichkeit für einen _____. Der letzte Ausbruch ereignete sich im Gebiet um den _____ vor rund 11 000 Jahren.

2. Die Karte zeigt die wichtigen Erdbeben- und Vulkangebiete in Deutschland. Ordne die Nummern und Buchstaben den entsprechenden Regionen zu.

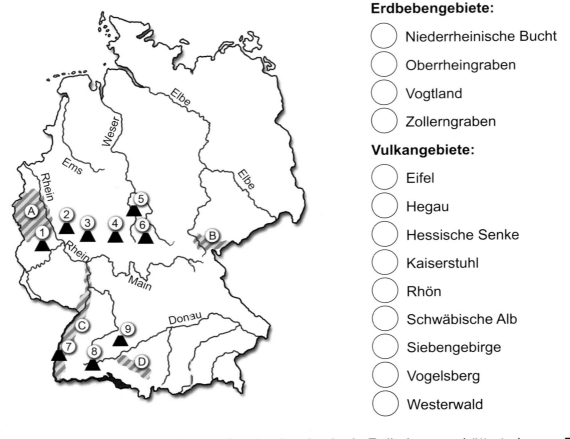

   Erdbebengebiete:
   ◯ Niederrheinische Bucht
   ◯ Oberrheingraben
   ◯ Vogtland
   ◯ Zollerngraben

   Vulkangebiete:
   ◯ Eifel
   ◯ Hegau
   ◯ Hessische Senke
   ◯ Kaiserstuhl
   ◯ Rhön
   ◯ Schwäbische Alb
   ◯ Siebengebirge
   ◯ Vogelsberg
   ◯ Westerwald

3. Im Februar 2008 wurden Teile des Saarlandes durch ein Erdbeben erschüttert, dessen Entstehung auf den dortigen Bergbau zurückzuführen war.
   a) Erkläre, weshalb es in Bergbauregionen zu Erdbeben kommen kann.

   _____
   _____
   _____

   b) Recherchiere die Auswirkungen des Bebens von 2008 und berichte darüber.

III Raumbeispiele – Deutschland

2 Der Oberrheingraben – eine tektonische Schwächezone

1. a) Lies die Aussagen ① bis ⑧ und unterstreiche die richtigen Satzergänzungen. Beachte, dass jeweils mehrere Nennungen möglich sind. Nutze auch den Atlas.
   b) Vervollständige mit den Lösungsbuchstaben (rechter Rand) den untenstehenden Lösungssatz.

① Der Oberrheingraben erstreckt sich etwa
- zwischen Stuttgart und Mannheim. (VU)
- zwischen Basel (Schweiz) und Frankfurt am Main. (AK)
- zwischen Arnheim (Niederlande) und Köln. (WI)

② Der Graben ist duchschnittlich rund
- 5 bis 10 Kilometer breit. (CH)
- 30 bis 40 Kilometer breit. (TI)
- 80 bis 100 Kilometer breit. (LK)

③ Das Klima im Oberrheingraben ist
- trocken-warm. (VS)
- feucht-heiß. (TI)
- trocken-kühl. (AN)

④ Zu den Randgebirgen des Oberrheingrabens zählen
- Schwarzwald und Vogesen. (TE)
- Schwäbische Alb und Fränkische Alb. (IS)
- Pfälzer Wald und Odenwald. (ER)

⑤ Ein bekanntes Vulkangebirge im südlichen Oberrheingraben ist
- der Vogelsberg. (CH)
- die Eifel. (EN)
- der Kaiserstuhl. (DB)

⑥ Die Entstehung des Oberrheingrabens begann
- vor etwa 12 000 Jahren mit dem Abschmelzen eiszeitlicher Gletscher. (AK)
- vor etwa 35 Millionen Jahren im Zuge der alpidischen Gebirgsbildung. (EB)
- vor etwa 500 Millionen Jahren im Zuge der kaledonischen Gebirgsbildung. (GR)

⑦ Im Bereich des Oberrheingrabens
- kam es zum Einsturz einer oberflächennahen Magmakammer eines mächtigen Zentralvulkans, wodurch eine Caldera entstand. (ZO)
- wurde die Erdkruste durch Aufwölbung von Mantelmaterial gedehnt, ausgedünnt und schließlich auseinandergezerrt. (EN)
- senkte sich die Erdoberfläche ab, während die Randgebiete zu Grabenschultern herausgehoben wurden. (RE)

⑧ In geologischer Hinsicht ist der Oberrheingraben
- ein Senkungsgebiet. (GI)
- eine Subduktionszone. (NE)
- ein Grabenbruch. (ON)

Lösungssatz: Der Oberrheingraben ist Deutschlands

_ _ _ _ _ _ _   _ _ _ _ _ _ _ _ _ .

III Raumbeispiele – Deutschland

3 Tornados über Deutschland

Pforzheim-Tornado 1968
Der bekannteste Wirbel in Deutschland ist der Tornado von Pforzheim, der am 10. Juli 1968 in der Stadt und in deren Umgebung mehr als 2000 Häuser beschädigte und zwei Menschenleben forderte; zudem wurden mehr als 200 Menschen zum Teil lebensgefährlich verletzt. Die Schäden waren enorm. Der Tornado wurde aufgrund der Schäden nach der international gebräuchlichen Fujita-Skala in die zweithöchste Stufe F4 mit Windgeschwindigkeiten von 335 km/h und mehr eingestuft. Er galt lange Zeit als der bisher letzte Tornado dieser Stärke in Deutschland.

Tornado in Brandenburg 1979
Erst durch langwierige Recherchen konnte im März 2010 nachgewiesen werden, dass es am 24. Mai 1979 einen ähnlich starken Sturm in Brandenburg gab. Betroffen war der Süden Brandenburgs, wo ein Tornado mit Unterbrechungen eine mindestens 56 Kilometer lange und 100 bis knapp 400 Meter breite Spur der Verwüstung hinterließ. Extrem waren dabei die Verfrachtungen von größeren Gegenständen.
Besonders heftig waren die Auswirkungen in der LPG (Landwirtschaftliche Produktionsgenossenschaft) Prestewitz, nördlich von Bad Liebenwerda. Dort wurden mehrere Gebäude zerstört und 10,5 Tonnen schwere Mähdrescher durch die Luft gewirbelt. Außerdem wurden Türen über eine Strecke von mehr als vier Kilometer verfrachtet. Im weiteren Verlauf brachen selbst Strommasten aus Beton ab, Teiche wurden komplett leer gesogen und Bäume in den zerstörten Schneisen zeigten erste Anzeichen von Entrindung. Die Entrindung ist ein typisches Anzeichen für einen sehr starken Tornado; sie kommt durch einen Sandstrahleffekt zustande, bei dem Kleinsttrümmer die Baumrinde förmlich abschmirgeln. Insgesamt wurden durch den Tornado in Südbrandenburg mindestens sechs Menschen verletzt.

Quelle, leicht verändert und z. T. ergänzt: http://www.meteomedia.ch/index.php?id=558 (zuletzt abgerufen am 1. Oktober 2012)

1. Die Tornados in Pforzheim 1968 und in Brandenburg 1979 zählen zu den stärksten, bislang nachgewiesenen Tornados in Deutschland.
    a) Werte den Quellentext aus. Erstelle in deinem Heft eine Tabelle und stelle die dokumentierten Auswirkungen beider Tornados stichpunktartig gegenüber.
    b) Der Tornado von 1979 wurde erst im März 2010 offiziell bestätigt. Erkläre, weshalb es für Meteorologen so schwierig ist, Tornados zu erforschen und diese nachzuweisen.

2. Recherchiere im Internet, wo in Deutschland in den letzten zwölf Monaten Tornados aufgetreten sind. Ergänze, falls vorhanden, jeweils auch Angaben zur Tornadostärke und zu den Auswirkungen. Übertrage die untenstehende Tabelle in dein Heft.

Datum	Ort/Region	Tornadostärke (F0–F5 nach der Fujita-Skala)	Auswirkungen

III Raumbeispiele – Deutschland

4 Unwetter in Deutschland

Schwere Unwetter über Deutschland – Feuerwehr im Dauereinsatz

Berlin, 28. Mai 2012: Die ersten großen Gewitterfronten sind am Wochenende über Deutschland hinweggezogen. Orkanböen, Hagel, starke Regenfälle und Blitzeinschläge haben in weiten Teilen des Landes erhebliche Schäden angerichtet. Bäume wurden entwurzelt, Keller überflutet und Dächer teilweise abgedeckt. Auf einem Autobahnrastplatz wurde ein Ehepaar durch einen Blitzschlag schwer verletzt, der Mann schwebt noch in Lebensgefahr. Die Einsatzkräfte der Feuerwehr waren bundesweit fast rund um die Uhr im Einsatz. Auch in den kommenden Tagen ist mit heftigen Gewittern zu rechnen. Die Gewitter-Saison hat spätestens jetzt begonnen.

1. a) In Deutschland treten die meisten Gewitter von Mai bis September auf. Erkläre die Häufung von schweren Gewittern besonders in den Sommermonaten.

   b) Nenne die Gewitterart, die vorrangig im Sommerhalbjahr anzutreffen ist.

   c) Überdurchschnittlich oft gewittert es im Alpenvorland sowie im Bereich einiger Mittelgebirge wie dem Thüringer Wald und dem Rheinischen Schiefergebirge. Während beispielsweise am Alpenrand rund 35 Gewittertage im Jahr gezählt werden, sind es in Schleswig-Holstein durchschnittlich weniger als 15 Gewittertage. Begründe diese ungleiche Verteilung.

2. Unwetter gibt es nicht nur in der warmen Jahreszeit. Nenne typische Unwetterereignisse im Winter.

III Raumbeispiele – Deutschland

5 Sturmfluten an der Nordseeküste

1. Die gesamte deutsche Nordseeküste gilt als potenziell sturmflutgefährdet. Die Deutsche Bucht zählt sogar weltweit zu den Gebieten mit der größten Sturmflutgefahr. Nenne Gründe.

   _____
   _____
   _____
   _____
   _____
   _____
   _____

2. Sturmfluten prägen die Nordseeküste seit vielen Jahrhunderten: Ganze Küstenverläufe haben sich verändert, Tausende Menschen kamen in den Fluten ums Leben.
   a) In der Tabelle sind einige Sturmfluten historischen Ausmaßes aufgelistet. Informiere dich (z. B. im Internet) über die Ereignisse und ergänze jeweils die dokumentierten Auswirkungen.

Jahr	Sturmflut	Auswirkungen (z. B. Küstenveränderungen, Schäden, Opfer)
1164	Erste Julianenflut	
1219	Erste Marcellusflut	
1362	Zweite Marcellusflut (Erste Grote Mandränke)	
1634	Burchardiflut (Zweite Grote Mandränke)	
1717	Weihnachtsflut	

   b) Zu den folgenschwersten Flutkatastrophen des 20. Jahrhunderts gehört die Sturmflut von 1962, auch als Februarsturmflut oder Zweite Julianenflut bezeichnet. Erstelle ein Poster über die Entstehung, den Ablauf und die Folgen dieser Flut. Konzentriere dich auf die Geschehnisse in der Hansestadt Hamburg.

III Raumbeispiele – Deutschland

6 Deiche schützen das Küstenland

1. „Kein Deich, kein Land, kein Leben." Der Satz stammt von einem norddeutschen Deichbaupionier aus dem 18. Jahrhundert und gilt bis heute. Erkläre anhand dieser Aussage die Bedeutung von Deichen.

2. Die nachstehenden Begriffe bestimmen den typischen Aufbau eines Seedeiches: *Außenberme, Außenböschung, Bemessungshochwasser, Binnenberme, Binnenböschung, Deckwerk, Deichkörper, Deichkrone, Deichgraben*
   a) Schreibe die unbekannten Begriffe in dein Heft und kläre sie (z. B. Lexikon, Internet).
   b) Trage die neun Begriffe in den abgebildeten Deichquerschnitt ein.

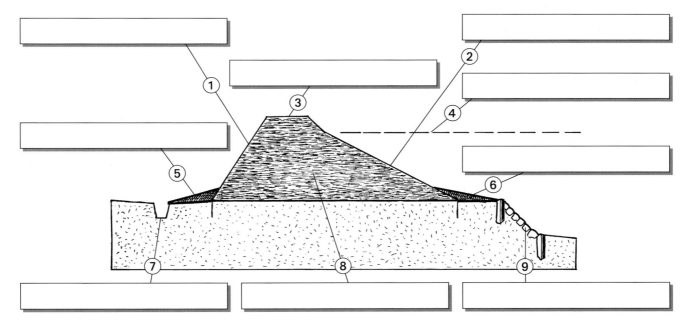

   c) Die Außenböschung ist in der Regel die flachere Deichböschung. Begründe, weshalb dies so ist.

III Raumbeispiele – Deutschland

7 Flusshochwasser in Deutschland

1. Auch in Deutschland treten Flüsse immer wieder über ihre Ufer. Besonders hochwassergefährdet sind Elbe, Oder, Rhein und Donau.
   a) Hochwasser sind eigentlich natürliche Ereignisse. Dass Hochwasser-Ereignisse mitunter katastrophale Folgen haben, daran trägt jedoch der Mensch eine Mitschuld. Lies den nachfolgenden Text und begründe.

   > Die Flusslandschaften von Elbe, Oder, Rhein und Donau sind im 19. und 20. Jahrhundert durch menschliche Eingriffe massiv verändert worden. Vor allem im Interesse der Schifffahrt wurden die Flüsse über weite Strecken begradigt, teilweise kanalisiert und dadurch verkürzt; eine Erhöhung der Fließgeschwindigkeiten war die Folge. Durch Besiedelung, landwirtschaftliche Nutzung und Eindeichung gingen zudem wertvolle Überschwemmungsflächen in den Auen verloren. So sind entlang der Donau und der Oder heute deutlich weniger als 30 Prozent der ursprünglichen Überschwemmungsflächen erhalten, an Rhein und Elbe sind es weniger als 15 Prozent. Hinzu kommt eine zunehmende Flächenversiegelung durch Siedlungen und Verkehrswege oft in unmittelbarer Flussnähe.

   b) Entwickle, ausgehend von den Ursachen und Gefahren von Hochwasser, sinnvolle Maßnahmen zum Hochwasserschutz. Liste auf.

2. Eines der bislang folgenschwersten Hochwasserereignisse in Deutschland war das Elbehochwasser von 2002.
   a) Das Ereignis gilt als „Jahrhunderthochwasser". Erkläre den Begriff.

   b) Recherchiert in Partnerarbeit die Ursachen, den Ablauf und die Folgen der Katastrophe von 2002. Präsentiert eure Ergebnisse (z. B. in Form eines Posters oder eines Vortrags).

III Raumbeispiele – Deutschland

8 Landschaften – von Eiszeiten geprägt

1. a) Ergänze den Lückentext mit den folgenden Begriffen: *Alpenvorland, Eisrand, Eiszeiten, Endmoränen, glaziale Serie, Gletscher, Gletscherzungen, Grundmoränen, Landschaftsformen, Norddeutschland, Nordseebecken, Sander, Schmelzwasser, Urstromtäler, Zungenbecken*

> Mit den _____ vorstößen der letzten großen _____ kam es in _____ und im _____ zur Ausbildung von _____, die in einer ganz bestimmten Reihenfolge auftraten. Diese Abfolge wird als _____ bezeichnet.
>
> Unter den Gletschern entstanden schuttführende _____. Vertiefungen im Bereich der Grundmoränen, die die _____ nach ihrem Abschmelzen hinterließen, nennt man _____. Diese werden nach vorn am Eisrand begrenzt durch wallartige Gesteinsaufschüttungen, die sogenannten _____. Vor diesen Hügelketten bildeten sich durch ablaufendes _____ weite Schotterebenen aus Sand und Kies, in Norddeutschland _____ genannt. Im norddeutschen Raum sammelte sich das Schmelzwasser und schuf breite Entwässerungsrinnen, die _____. In diesen geschaffenen Tälern floss das Schmelzwasser parallel zum _____ in Richtung _____.

b) Nenne einige wichtige Urstromtäler im norddeutschen Raum. Nutze den Atlas.

c) In Süddeutschland wurde das Schmelzwasser vor allem über die Donau und den Rhein abgeführt, die jedoch nicht als Urstromtäler bezeichnet werden. Erkläre.

2. Im Zusammenhang mit den Eiszeiten entstanden auch die großen Lössgebiete, in Norddeutschland als Börden bezeichnet, in Süddeutschland als Gäulandschaften. Beschreibe die Entstehung und Bedeutung der Lössgebiete.

IV Raumbeispiele – Europa

1 Wo in Europa die Erde bebt

Schwächezonen in Europa

Europa ist ein tektonisch aktiver Raum. Besonders an den Grenzen der Erdplatten ist die Erdbebengefahr allgegenwärtig. Aber auch innerhalb von Platten kann die Erde beben.

Grundsätzlich besteht eine erhöhte Gefahr von Starkbeben in Regionen, die bereits in der Vergangenheit von starken Erschütterungen betroffen waren. Demnach sind vor allem Gebiete in Süd- und Südosteuropa erdbebengefährdet. Dazu zählen in erster Linie die Mittelmeerländer Griechenland, Türkei, Italien und die Balkanstaaten. Auch in Ländern des westlichen Mittelmeeres (Spanien) und Nordwestafrikas kam es bereits zu Starkbeben, allerdings deutlich seltener. Alle diese Länder liegen im Bereich der Plattengrenze, an der sich die Afrikanische unter die Eurasische Platte schiebt. Eingekeilt dazwischen befinden sich zwei kleinere Lithosphärenplatten, die die Erdbebengefahr in dem Gebiet zusätzlich erhöhen: die Anatolische Platte und die Adriatische Platte, die wiederum in zahlreiche Kleinstplatten (Mikroplatten) zersplittert ist.

Die Anatolische Platte wird entlang der Eurasischen Platte nach Westen verschoben. Diese Verwerfungslinie zieht sich vor allem durch den Norden der Türkei, wo es in den vergangenen Jahrzehnten immer wieder zu schweren Beben kam. Als extrem gefährdet gilt Istanbul, das nördlich der Störungslinie liegt: Forscher gehen davon aus, dass dort im Untergrund derzeit ein Spannungsaufbau stattfindet, sodass der Millionenmetropole am Bosporus in naher Zukunft ein Megabeben bevorstehen könnte.

Anders als die Anatolische Platte bewegt sich die Adriatische Platte direkt auf die Eurasische Platte zu und schiebt sich dabei von Osten her unter Italien. Dieser Umstand ist Auslöser zahlreicher Erdbeben, die insbesondere Norditalien immer wieder schwer erschüttern.

Problematisch für die Risikoabschätzung ist, dass Störungszonen vielerorts kaum erforscht oder bekannt sind. Viele unbekannte Nahtstellen werden etwa in Südosteuropa vermutet. Oft werden solche Schwächezonen erst nach einem Beben registriert. Umso wichtiger sind Aufzeichnungen vergangener Beben, damit Risikogebiete so präzise wie möglich ausgewiesen werden können. In dünn besiedelten Gebieten sind entsprechende Überlieferungen jedoch oft Mangelware. Und selbst in eigentlich gut erforschten Regionen werden immer wieder Nahtstellen in der Erdkruste entdeckt, die zu neuen Risikobewertungen führen.

1. Werte den obenstehenden Text aus:
   a) Nenne die Länder Europas, die am meisten erdbebengefährdet sind, und begründe weshalb.

   _____
   _____
   _____
   _____

   b) Beschreibe Indizien, die Seismologen zur Einstufung gefährdeter Regionen heranziehen, und die Schwierigkeiten, die sich dabei ergeben.

   _____
   _____
   _____
   _____

2. Recherchiere eine Erdbebenkatastrophe, die sich in den vergangenen Jahren in Europa ereignet hat. Berichte darüber in einem Kurzvortrag (z. B. über Ursachen, Ablauf, Auswirkungen, Konsequenzen).

IV Raumbeispiele – Europa

2 Der Ätna

1. Beschreibe die geografische und tektonische Lage des Ätna. Nutze den Atlas.

2. Werte den folgenden Text aus.

   Der Ätna – Fluch und Segen zugleich

   Asche- und Rauchwolken über dem mehr als 3000 Meter hohen Ätna auf Sizilien. Europas größter aktiver Vulkan hat schon 600 000 Jahre auf dem Buckel. Doch seine Vitalität ist ungebrochen. Wie ein Feuerwerk schießen Lava-Fontänen in den Himmel. Eine touristische Attraktion, mitunter aber auch eine Gefahr. Wenn das geschmolzene Gestein zu Tal fließt, vernichtet es alles, was sich in den Weg stellt.

   Nichts ist vor der Glutwalze sicher. Auch nicht die Stadt Catania, am Fuße des Ätna. Die Einwohner haben zwar gelernt, sich mit den Launen des Asche speienden Berges zu arrangieren. Doch nicht immer half der Griff zum Besen.

   1669 wurde Catania unter den Lavaströmen des Ätna begraben. Wenige Jahre später verwüstete ein verheerendes Erdbeben die Stadt. Erst danach erfolgte der Wiederaufbau im Barockstil, vorwiegend mit Lavagestein. Am Ätna leben rund eine Million Menschen.

   Dass sie in einer Gefahrenzone siedeln, hat einen plausiblen Grund: Die vulkanischen Böden sind durch ihren hohen Mineralreichtum sehr fruchtbar. Auf ihnen gedeiht nicht nur Wein, sondern auch eine Fülle verschiedenster Obstsorten. Die Asche des Ätna hat die Gegend in einen Paradiesgarten verwandelt. Landwirtschaft ist ein lohnendes Geschäft. Sorgen machen sich die wenigsten, gilt doch der Ätna als einer der am besten überwachten Vulkane.

   Seismographen am geophysikalischen Institut in Catania registrieren jede Aktivität des Feuerbergs. Finden die Forscher alarmierende Messwerte, warnen sie die Bevölkerung. Es werden auch Daten und Bilder von Satelliten ausgewertet, die auffällige Veränderungen des Ätna erfassen.

   Quelle (gekürzt und leicht verändert): swr.de, vom 7.8.2008 (zuletzt abgerufen am 11.10.2012)

   a) Erkläre die Aussage, dass der Ätna Fluch und Segen zugleich ist.

   b) Beurteile die Sorglosigkeit der Anwohner.

IV Raumbeispiele – Europa

3 Vulkaninsel Island

1. Beschreibe die geographische und tektonische Lage Islands. Nutze den Atlas.

2. Island befindet sich nicht nur direkt auf einer Plattengrenze, sondern auch mitten über einem Hotspot: Der sogenannte Island-Plume befördert Magma aus dem Erdmantel bis an die Erdoberfläche. Erkläre in diesem Zusammenhang die Entstehung der Vulkaninsel Island.

3. Ein besonderes Naturschauspiel auf Island bieten Gletschervulkane. Doch ein Ausbruch kann verheerende Folgen haben. Eine der größten Gefahren von Gletschervulkan-Eruptionen sind Gletscherläufe in Form von Flutwellen. Erkläre die Entstehung eines Gletscherlaufes mithilfe des Textes:

   > [...] Noch während an der Gletscheroberfläche des Vatnajökull alles wieder zur Normalität zurückkehrt, bahnt sich im Untergrund, durch die Eisdecke vor den Augen der Beobachter verborgen, bereits eine Katastrophe an: Noch immer strömen gewaltige Schmelzwassermassen von der Ausbruchsstelle in das unter dem Gletscher liegende Reservoir des Grimsvötn-Sees. 500 bis 700 Kubikmeter Wasser pro Sekunde lassen den Wasserspiegel des Sees immer weiter ansteigen – weit über die kritische Marke hinaus. [...]
   >
   > Quelle: http://g-o.de/dossier-detail-112-7.html (zuletzt abgerufen am 18.10.2012)

4. Der Vulkanismus birgt für Island nicht nur Gefahren, sondern auch Nutzen, etwa durch Geothermie (Erdwärme). Begründe kurz und nenne Beispiele.

IV Raumbeispiele – Europa

4 Die Entstehung der Alpen

1. Trage folgende Begriffe in den Lückentext zur Entstehung der Alpen ein: *Afrikanische Platte, Alpen, alpidische Faltung, alpidische Hebung, Auffaltung, Auseinanderdriften, Eurasische Platte, Hebungsphasen, Hochgebirge, Kalksedimente, Kollision, Pangäa, Sande und Tone, Sedimentation, Sedimentschichten, Subduktion, Randmeer, Ruhephasen, Tethys, Tiefseebecken*

Phase der _____: Als der Superkontinent _____ vor rund 200 Millionen Jahren auseinanderbrach, breitete sich zwischen Ur-Afrika und Ur-Europa das _____-Meer aus. Das zunächst flache _____ dehnte sich durch das _____ der Afrikanischen und Eurasischen Platte aus, es entstanden _____. Auf dem Meeresboden lagerten sich _____ ab, an den Küsten wurden _____ ins Meer gespült. Die mächtigen _____ wurden im Laufe der Zeit verfestigt und in Kalk-, Sand- und Tonsteine umgewandelt.

Die _____: Vor etwa 100 Millionen Jahren begann die _____ nach Norden zu wandern und Druck auf das Tethys-Meer auszuüben. Das Meer wurde allmählich zusammengeschoben, wobei die ozeanische Kruste unter die kontinentale Kruste Afrikas abtauchte (_____). Durch den Druck kam es teilweise zur _____ von Meeresboden und darunterliegenden Gesteinsschichten. Der Abstand zwischen Ur-Afrika und Ur-Europa verringerte sich zunehmend, bis es vor rund 60 Millionen Jahren zur _____ kam. Die Afrikanische Platte schob sich unter die _____ und große Teile der gewaltigen Gesteinsmassen wurden gestaucht, gefaltet, teilweise zerrissen und übereinandergeschoben.

Die _____: Die eigentliche Hebung der _____ begann vor rund 50 Millionen Jahren durch den weiter zunehmenden Druck der Afrikanischen Platte. Dabei wechselten sich aktive _____ und _____ ab. Zwei besonders starke Hebungsphasen, vor 20 Millionen und vor 6 Millionen Jahren, ließen die Alpen schließlich zu einem _____ wachsen.

---

2. Der höchste Berg der Alpen, der Mont Blanc, ist rund 4800 Meter hoch. Betrachtet man die Hebungsprozesse, die bis heute andauern, müssten die Alpen mindestens 10 000 Meter hoch sein. Begründe, weshalb dies nicht der Fall ist.

_____

_____

3. Betrachte die aktuellen Plattenverschiebungen im Mittelmeerraum (Atlaskarte) und erstelle in deinem Heft ein Szenario, wie sich das heutige Mittelmeer in den nächsten Jahrmillionen entwickeln könnte.

IV Raumbeispiele – Europa

5 Naturgefahren in den Alpen

1. Ergänze das untenstehende Schema.
   a) Ordne folgende Naturgefahren nach ihrer Bewegungsart zu: *Felssturz, Fließlawine, Hochwasser, Mure, Rutschung, Staublawine, Steinschlag*.
   b) Trage das vorwiegend transportierte Material ein.

Naturgefahr	Bewegungsart	Material
	stürzend	
	gleitend	
	fließend	
	staubend/wirbelnd	

2. Beschreibe das Foto. Benenne dabei die Katastrophenart und skizziere mögliche Folgen.

3. „Kaum woanders sind die Menschen so auf den Wald angewiesen wie in den Alpen." Erkläre diese Aussage hinsichtlich der Schutzfunktion des Waldes vor Naturgefahren.

4. Der Klimawandel macht auch vor den Alpen nicht halt. Als Folge der Erwärmung prognostizieren Alpenforscher unter anderem auftauende Permafrostböden, zunehmende Niederschläge im Winter, häufigere Trockenperioden im Sommer, größere Schwankungen von Temperatur und Niederschlag sowie eine Zunahme extremer Wetterereignisse (z. B. Stürme, Starkregen). Diskutiert die Auswirkungen des Klimawandels bezogen auf die alpinen Naturgefahren.

V Raumbeispiele – außerhalb Europas / weltweit

1 Naturgewalt, Naturgefahr oder Naturkatastrophe?

Naturgewalten wie Erdbeben, Vulkanausbrüche, Wirbelstürme und Dürren sind zunächst natürliche Ereignisse. Sobald eine Naturgewalt eine potenzielle Bedrohung für Menschen, Siedlungen oder Güter darstellt, spricht man von einer Naturgefahr. Das kann zum Beispiel ein inaktiver Vulkan in der Nähe einer Siedlung sein. Bricht ein solcher Vulkan tatsächlich aus und kommen dabei Menschen oder Einrichtungen zu Schaden, wird aus der bloßen Naturgewalt eine Naturkatastrophe.

1. Einfache Naturgewalt, Naturgefahr oder Naturkatastrophe? Lies die folgenden Schlagzeilen durch, ordne sie zu und begründe.

   a) **Tote und Verletzte bei Erdbeben in Norditalien**
   Zwei Beben der Stärke 6,1 und 5,8 haben Teile Norditaliens erschüttert. 24 Menschen kamen ums Leben, Hunderte wurden verletzt, Tausende obdachlos. An vielen Gebäuden, darunter auch historische Bauten, entstanden zum Teil schwere Schäden.

   b) **Höchster CO_2-Geysir der Welt spuckt in der Eifel**
   Der Geysir Andernach ist eine Touristenattraktion der besonderen Art. Etwa alle 100 Minuten schießt eine bis zu 60 Meter hohe Fontäne aus Wasser und Kohlendioxid aus der Erde. Ein nasser Spaß für große und kleine Besucher.

   c) **Droht ein neuer Nordsee-Tsunami?**
   Der letzte Tsunami, der die Nordseeküste verwüstete, ereignete sich vermutlich Mitte des 19. Jahrhunderts. Vor Dänemark erreichte die Flutwelle Höhen von über sechs Metern. Forscher warnen, dass sich ein solcher Tsunami jederzeit wiederholen kann.

   d) **Millionen Menschen von Hungertod bedroht**
   Die schlimmste Dürre seit 60 Jahren hat am Horn von Afrika zu einer großen Hungersnot geführt. Mehr als 13 Millionen Menschen haben nicht genügend zu essen, darunter Millionen Kinder. Viele von ihnen sind akut mangelernährt und brauchen dringend Nahrung.

   e) **Tornado auf der Sonne gefilmt**
   Mithilfe eines Satelliten ist es der NASA gelungen, einen gigantischen Tornado auf der Sonnenoberfläche zu filmen. Der Tornado war mehrfach größer als die Erde und wütete drei Stunden lang mit Windgeschwindigkeiten von bis zu 300 000 km/h.

   f) **Spektakulärer Gletscher-Abbruch in Argentinien**
   Tausende Besucher kamen, um sich das Spektakel anzusehen – und waren fasziniert: Ein gigantischer Eisblock des Perito-Moreno-Gletschers löste sich und rutschte in den Lago Argentino. Ein solcher Abbruch ereignet sich am Perito Moreno alle paar Jahre.

2. Recherchiere im Internet und finde je ein weiteres Beispiel für eine bloße Naturgewalt, eine Naturgefahr und eine Naturkatastrophe. Schreibe in dein Heft.

V Raumbeispiele – außerhalb Europas / weltweit

2 Naturgefahren weltweit

1. Ermittle vorrangige Risikogebiete von Naturgefahren in den verschiedenen Kontinenten und trage diese in die Tabelle ein. Nutze den Atlas.

	Erdbeben/ Vulkane	Wirbelstürme (tropische Wirbelstürme, Tornados)	Dürren	Hochwasser/ Überschwemmungen
Afrika				
Asien				
Australien				
Europa				
Nordamerika				
Südamerika				

2. Viele Naturgefahren zeigen ein bestimmtes Verbreitungsmuster wie z. B. Erdbeben und Vulkane entlang aktiver Plattengrenzen. Erkläre das Auftreten von Hurrikanen im Bereich der tropischen Meeresgebiete.

_____

_____

_____

_____

3. Naturgefahren wie Erdbeben oder Wirbelstürme lassen sich nicht verhindern, jedoch kann man ihnen unterschiedlich begegnen. Wie hoch das Risiko ist, Opfer einer Naturkatastrophe zu werden, hängt neben der natürlichen Gefahr auch davon ab, wie gut oder schlecht die Bevölkerung auf Naturgefahren eingestellt ist. Es sind soziale, ökonomische und institutionelle Faktoren, die die Gefährdung im Katastrophenfall erhöhen oder mindern können (z. B. abhängig von Wohnverhältnissen, Infrastruktur, politischer Lage, Vorsorgemaßnahmen).
   a) Erstelle in deinem Heft eine Mindmap zum Thema „Risiko durch Naturgefahren". Unterscheide dabei zwischen natürlichen und gesellschaftlichen Faktoren und liste konkrete Beispiele auf.
   b) „Arme Länder sind stärker durch Naturgefahren gefährdet als reiche Länder." Diskutiert diese Aussage unter Berücksichtigung eurer Mindmap-Ergebnisse.

V Raumbeispiele – außerhalb Europas / weltweit

3 Der pazifische Raum – aktive Tektonik und Vulkanismus

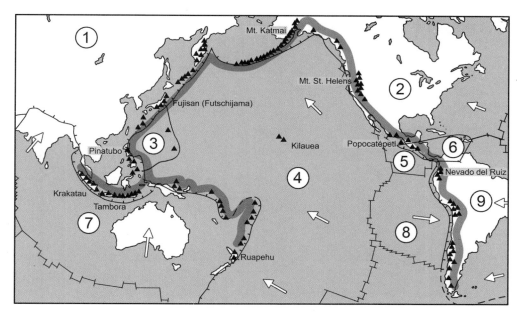

1. a) Benenne die Lithosphärenplatten in der Karte.

   ① _____   ⑥ _____
   ② _____   ⑦ _____
   ③ _____   ⑧ _____
   ④ _____   ⑨ _____
   ⑤ _____

   b) Ergänze zu den kartierten Vulkanen die Länder, in denen sie liegen.

   Krakatau: _____   Mt. St. Helens: _____
   Tambora: _____   Kilauea: _____
   Pinatubo: _____   Popocatépetl: _____
   Fujisan: _____   Nevado del Ruiz: _____
   Mt. Katmai: _____   Ruapehu: _____

2. a) Nenne den Fachbegriff für den Vulkangürtel, der den Pazifischen Ozean umgibt.

   _____

   b) Benenne zwei weitere tektonisch bedingte Naturgefahren, die neben den Vulkanen im pazifischen Raum gehäuft anzutreffen sind.

   _____

3. Begründe die Konzentration tektonischer Naturgefahren im pazifischen Raum.

   _____
   _____
   _____

V Raumbeispiele – außerhalb Europas / weltweit

4 Naturgefahren in Japan

1. Fertige eine Kartenskizze zum Thema „Naturgefahren in Japan" an.
   a) Zeichne zunächst eine Umrissskizze Japans.
   b) Recherchiere und kartiere die Lage und Bewegungsrichtungen tektonischer Platten, ausgewählte aktive Vulkane und Erdbebengebiete, tsunamigefährdete Küstenabschnitte und Überschwemmungsgebiete sowie die Durchzugsbahnen von Taifunen.
   c) Erstelle eine Kartenlegende.

	Legende

   d) Werte deine Kartenskizze aus: Beschreibe die Gebiete, die von den jeweiligen Naturgefahren besonders stark betroffen sind.

Naturgefahr	betroffene Gebiete
Vulkanismus	
Erdbeben	
Tsunami	
Überschwemmung	
Taifun	

2. Kaum ein Land ist besser gegen Naturgefahren gerüstet als Japan, sei es durch erdbebensichere Architektur oder bestehende Warnsysteme. Dennoch lassen sich Katastrophen nicht immer verhindern. Informiere dich über die Katastrophe vom März 2011, als ein gewaltiges Erdbeben samt Tsunami die Nordostküste Japans erschütterte. Berichte über die Ausmaße und Folgen der Katastrophe.

V Raumbeispiele – außerhalb Europas / weltweit

5 Das Erdbeben in Haiti 2010

1. Das Erdbeben, das Haiti am 12. Januar 2010 erschütterte, gilt als eines der weltweit folgenschwersten Beben überhaupt. Werte die Texte M1 bis M3 aus und erstelle ein Wirkungsschema. Skizziere dabei die Ursachen des Bebens und die beeinflussenden Faktoren, die zur Katastrophe geführt bzw. den Wiederaufbau erschwert haben.

M1: Tektonische Ursachen

Haiti liegt inmitten einer tektonischen Schwächezone. Die Karibische Platte, an deren Nordrand sich Haiti befindet, wird von mehreren Erdplatten förmlich zerrieben: Von Norden drückt die Nordamerikanische Platte, von Westen die Kokos-Platte, von Südwesten die Nazca-Platte und von Süden und Osten die Südamerikanische Platte. Aufgrund dieser ungeheuren Kräfte, die auf die Karibische Platte einwirken, finden sich in der gesamten Karibik zahlreiche Bruchlinien, die bis tief in die Erdkruste reichen. Entlang dieser Bruchlinien kommt es immer wieder zu Erdbeben.

Auch das Gebiet um Haitis Hauptstadt Port-au-Prince befindet sich über einer solchen Bruchlinie. Doch lange Zeit blieb die Region von Starkbeben verschont (das letzte große dokumentierte Beben ereignete sich 1751). Über Jahrhunderte bauten sich in den verkeilten Gesteinspaketen im Untergrund gewaltige tektonische Spannungen auf, die sich im Januar 2010 plötzlich ruckartig entluden und zur Katastrophe führten.

Das Epizentrum des Großbebens der Stärke 7,0 befand sich etwa 25 Kilometer südwestlich von Port-au-Prince; das Hypozentrum lag in 17 Kilometern Tiefe. Die geringe Bebentiefe gilt als eine der Hauptursachen für die verheerenden Folgen des Haiti-Bebens. Denn je näher ein Erdbebenherd an die Oberfläche reicht, desto weniger Erdschichten können die Erdbebenwellen bremsen und desto größer ist ihre Zerstörungsenergie. Durch die ungeheure Wucht wurden Autos durch die Luft gewirbelt und ein Großteil der – meist ohnehin einfach gebauten – Häuser und Straßen zerstört. An steilen Hängen kam es zu Erdrutschen.

Eine weitere Gefahr drohte den Menschen durch Nachbeben. Bereits wenige Tage nach dem Hauptbeben wurden mehrere Erschütterungen bis Stärke 6 gemessen. Im Katastrophengebiet war mit massiven Nachbeben über Monate zu rechnen.

M2: Die Katastrophe nimmt ihren Lauf

Die Umstände unmittelbar nach dem Erdbeben waren denkbar schlecht: Neben dem allgemeinen Chaos brach bereits eine Stunde nach dem Beben die Dunkelheit herein. Zudem fielen Strom- und Telefonnetze aus, wodurch die Koordination der Hilfsmaßnahmen – vor allem die Suche nach Verschütteten – zusätzlich erschwert wurde. Besonders problematisch gestaltete sich die medizinische Versorgung der Opfer: Krankenhäuser waren eingestürzt und insbesondere Medikamente kaum vorhanden. Hinzu kam, dass Haiti über keinen funktionierenden Katastrophenschutz verfügt und die Einwohner weitestgehend auf sich allein gestellt waren. Zudem kam es in der Krisenregion um Port-au-Prince zu Plünderungen und Kämpfen um Nahrungsmittel.

M3: Haiti nach dem Beben

Ein Jahr nach dem Beben veröffentlichte eine Kommission für den Wiederaufbau Haitis die erschütternde Bilanz: Mindestens 220 000 Menschen kamen ums Leben, weitere 1,5 Millionen wurden obdachlos; rund 190 000 Häuser, fast 4000 Schulen und 30 Krankenhäuser wurden zerstört. Geschätzte 19 Millionen Kubikmeter Schutt hat das Beben hinterlassen.

Als wären die Folgen nicht dramatisch genug, begann auch der Wiederaufbau erst spät und sehr langsam. Es fehlte an ärztlicher Versorgung und Medikamenten, viele Krankenhäuser waren schlicht zerstört. Auch Wirbelstürme, die über Haiti wüteten, sowie die einsetzende Regenzeit erschwerten die Arbeit der Hilfsorganisationen. Schließlich brach eine Cholera-Epidemie aus, die sich aufgrund der starken Niederschläge und Überschwemmungen im Land schnell verbreitete.

Eines der größten Probleme beim Wiederaufbau war und ist die politische Instabilität des Landes. Mangelnde staatliche Strukturen und verbreitete Korruption auf den politischen Ebenen verhinderten einen geordneten Wiederaufbau. Insbesondere fehlte es an der Kontrolle über die Ausgaben der internationalen Hilfsgelder, die ihr Ziel oft nicht erreichten.

V Raumbeispiele – außerhalb Europas / weltweit

6 Hawaii – von Vulkanen geschaffen

1. Beschreibe die geografische und tektonische Lage der Hawaii-Inseln. Arbeite mit dem Atlas.

2. Obwohl Hawaii nicht an einer aktiven Plattengrenze liegt, ist die Inselgruppe von Vulkanismus geprägt. Verantwortlich dafür ist der sogenannte Hotspot-Vulkanismus. Erkläre damit die Entstehung der Hawaii-Inseln und skizziere dabei auch Zusammenhänge zwischen der Lage und dem Alter der verschiedenen Inseln. Nutze die Grafik und den Atlas.

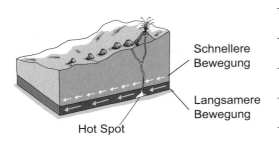

3. Das Foto zeigt den Mauna Loa, den größten aktiven Vulkan auf Hawaii. Beschreibe die äußere Form und benenne den Vulkantyp.

4. Der Vulkan Mauna Kea auf Hawaii hat eine Gesamthöhe von über 9000 Meter. Er übertrifft damit sogar den Mount Everest, der mit 8848 Metern allgemein als höchster Berg der Erde gilt. Je nach Betrachtungsweise dürfen tatsächlich beide Berge den Titel „höchster Berg der Erde" für sich beanspruchen. Begründe.

V Raumbeispiele – außerhalb Europas / weltweit

7 Wirbelstürme in den USA

1. Die USA werden immer wieder von katastrophalen Wirbelstürmen heimgesucht. Doch es gibt Regionen, die besonders gefährdet sind. Tornados treten verstärkt im Mittleren Westen auf. Die sogenannte „Tornado Alley" erstreckt sich über das nördliche Texas, Oklahoma, Kansas, Nebraska, South Dakota und Minnesota. Als Hurrikan gefährdet gelten dagegen die gesamte Golfküste und die südliche Ostküste der USA.
   Erkläre die Häufung von Tornados bzw. Hurrikans in den genannten Gebieten.

   Häufung von Tornados:

   _____

   _____

   _____

   _____

   _____

   _____

   _____

   _____

   Häufung von Hurrikans:

   _____

   _____

   _____

   _____

2. Zu den folgenschwersten Wirbelstürmen in der Geschichte der USA zählen der „Oklahoma Tornado Outbreak" von 1999 und der „Hurrikan Katrina" von 2005. Recherchiert in Kleingruppen die Ursachen, den Ablauf und die Folgen der beiden Naturkatastrophen und präsentiert eure Ergebnisse.

Oklahoma Tornado Outbreak 1999

Hurrikan Katrina 2005

V Raumbeispiele – außerhalb Europas / weltweit

8 Indischer Monsun

1. Zeichne das Klimadiagramm von Mumbai (Bombay). Wähle eine sinnvolle Skalierung.

Klimatabelle Mumbai (Bombay) / Indien, 11 m, 19° N / 72° O		
	N [mm]	T [°C]
Jan	<1	24,4
Feb	<1	24,9
Mrz	<1	26,9
Apr	2	28,6
Mai	12	30,1
Jun	586	29,1
Jul	731	27,7
Aug	480	27,3
Sep	275	27,7
Okt	67	28,7
Nov	14	28,1
Dez	3	26,2
Jahr	2173	27,5

2. Bearbeite die stummen Karten.
   a) Zeichne den ungefähren Verlauf der Innertropischen Konvergenz (ITC) im Sommer (Juli) und im Winter (Januar) ein.
   b) Skizziere die Lage von Tief- bzw. Hochdruckgebieten in Bodennähe und die Windrichtungen. Beschrifte die Monsune.

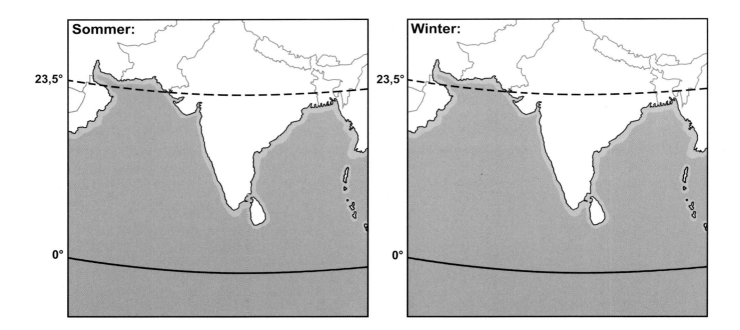

3. Beschreibe mithilfe des Klimadiagramms von Bombay (Aufgabe 1) und der beiden Karten (Aufgabe 2) Merkmale und Ursachen für das indische Monsunklima im Sommer (Juni bis September) bzw. im Winter (Januar bis März). Notiere in dein Heft.

V Raumbeispiele – außerhalb Europas / weltweit

9 Land unter in Bangladesch

1. Werte den folgenden Text aus. Arbeite Ursachen und Auswirkungen von Überschwemmungskatastrophen in Bangladesch sowie Maßnahmen und Probleme des Katastrophenschutzes heraus. Stelle deine Ergebnisse in einer Mindmap dar.

> Kaum ein Land der Erde wird so häufig von Überschwemmungskatastrophen heimgesucht wie Bangladesch. Besonders gefürchtet ist die Regenzeit von Juni bis September, wenn der Südwestmonsun heftige Niederschläge mit sich bringt. In dieser Zeit treten die drei großen Flüsse Ganges, Brahmaputra und Meghna sowie unzählige Nebenarme und kleinere Flüsse regelmäßig über ihre Ufer – mit oft dramatischen Folgen. So kamen im Juni 2012 nach Erdrutschen, Schlammlawinen und Überschwemmungen über 100 Menschen ums Leben, rund 200000 Einwohner mussten ihre Häuser verlassen. Noch verheerender war die Flutkatastrophe im Juli 1998, in deren Folge über 1000 Menschen starben und 25 Millionen Menschen obdachlos wurden. 70 Prozent der Landesfläche von Bangladesch waren damals überflutet. Es gab Ernteausfälle von mehren Millionen Tonnen, zudem konnten Feldfrüchte für das darauffolgende Jahr nicht mehr ausgesät werden. Nach dem Rückgang der Wassermassen forderten Epidemien und Hunger zahllose weitere Todesopfer.
>
> Neben dem sommerlichen Monsunregen stellen Zyklone eine weitere Naturgefahr für Bangladesch dar. Diese tropischen Wirbelstürme treten vor allem von April bis Mai und von September bis Oktober auf. Zyklone können zu hohen Sturmfluten führen, die das Wasser in die Flussmündungen drücken und dadurch plötzliche Überschwemmungen auslösen. Die normale Gezeitenflut kann die Sturmfluten noch verstärken. 1991 starben nach einem Zyklon knapp 140000 Menschen. Eine der schlimmsten Zyklonkatastrophen in Bangladesch ereignete sich 1970, als schätzungsweise rund 500000 Menschen zu Tode kamen.
>
> Zwar hat auch das Nachbarland Indien alljährlich mit Monsunregen und Zyklonen zu kämpfen, doch sind die Ereignisse dort meist weniger folgenschwer. Bangladesch ist eines der am dichtesten besiedelten Länder der Erde. Der Bevölkerungsdruck hat dazu geführt, dass Ackerland und Siedlungen zunehmend in den gefährdeten Uferregionen zu finden sind. Dem steigenden Flächenbedarf sowie der Holznutzung fielen zudem wertvolle Mangrovenwälder zum Opfer; diese Wälder haben eine wichtige Funktion als natürliche Überschwemmungsflächen und schützen das Hinterland vor Sturmfluten. Flutgefahr droht Bangladesch auch von den Gebirgshängen im Norden und Osten, wo ebenfalls großflächige Abholzung stattfindet. Bei Starkregenereignissen kommt es dort verstärkt zu Oberflächenabfluss, da die Böden nicht mehr ausreichend Wasser speichern können.
>
> Weil Bangladesch nicht nur besonders dicht besiedelt ist, sondern zugleich eines der weltweit ärmsten Länder darstellt, beschränkt sich der Katastrophenschutz meist auf technisch einfache Maßnahmen. Zwar gibt es – dank internationaler Hilfe – mittlerweile verschiedene Notfallzentren, die im Ernstfall Zuflucht bieten. Andernorts werden Gebäude auf fünf Meter hohen Betonstelzen als „Fluchtburgen" errichtet. Auch mit einfachen Deichbauten, Entwässerungskanälen und stellenweise Wiederaufforstungen soll die Überschwemmungsgefahr eingedämmt werden. Andererseits mangelt es an gut funktionierenden Frühwarnsystemen. Problematisch ist auch die oft veraltete Technik und marode Infrastruktur des Landes: Schlecht gewartete Dämme und Deiche, Straßen oder Eisenbahnstrecken können größeren Wassermassen kaum Stand halten und im Katastrophenfall Hilfs- und Wiederaufbaumaßnahmen erschweren.

2. Überschwemmungsgefahr droht Bangladesch nicht nur durch Monsunregen und tropische Wirbelstürme, sondern auch durch den Meeresspiegelanstieg als Folge der Erderwärmung. Während weite Teile des Landes nur knapp über dem Meeresspiegel liegen (über 60 Prozent der bevölkerungsreichen Küstenzone befinden sich weniger als 3 m über dem Meer), steigt der Meeresspiegel vor Bangladesch um durchschnittlich 4 bis 8 mm pro Jahr an. Dies entspricht einem Anstieg von 40 bis 80 cm in 100 Jahren. Diskutiert mögliche langfristige Folgen für Bangladesch.

V Raumbeispiele – außerhalb Europas / weltweit

10 Dürregefahr in der Sahelzone

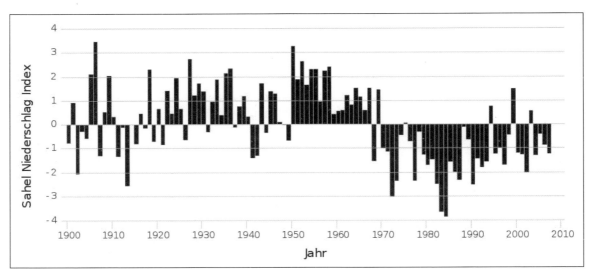

M1: Abweichung der mittleren Sahel-Niederschläge vom langjährigen Mittel (Bezugszeitraum 1898–1993).

M2: Klimatabelle Gao (Mali), 260 m, 16° N / 0° W: Mittlere Temperaturen und Niederschläge in den Zeiträumen 1930–1960 und 1961–1990 im Vergleich													
	Jan	Feb	Mrz	Apr	Mai	Jun	Jul	Aug	Sep	Okt	Nov	Dez	Jahr
T [°C] (1930–1960)	22,0	25,0	28,8	32,4	34,6	34,5	32,3	29,8	31,8	31,9	28,4	23,3	29,6
T [°C] (1961–1990)	22,6	25,4	29,4	32,8	35,6	35,1	32,6	31,1	32,1	32,1	27,5	23,5	30,0
N [mm] (1930–1960)	<1	0	<1	<1	8	23	71	127	38	3	<1	<1	275
N [mm] (1961–1990)	0	0	0	3	7	22	63	75	29	5	0	0	204

1. Die Sahelzone ist allein aufgrund ihrer klimatischen Lage ein dürregefährdeter Raum. Dürren traten in der Vergangenheit immer wieder auf. Tendenziell haben sich in den letzten Jahrzehnten jedoch die Trockenheit verstärkt und die Abstände zwischen den Dürreperioden verkürzt. Werte die Grafik M1 und die Klimatabelle M2 aus und beschreibe Indizien, die auf eine wachsende Dürregefahr hindeuten.

2. In der Sahelzone führen Dürren vermehrt zu Hungerkatastrophen, so in den Jahren 2005, 2008 und 2010. Zuletzt waren 2012 über zehn Millionen Menschen von Hunger bedroht. Eine der Hauptursachen für die Katastrophenanfälligkeit der Sahelzone liegt in der Übernutzung als Folge hohen Bevölkerungswachstums. Erstelle ein Wirkungsschema und skizziere darin Zusammenhänge zwischen Bevölkerungswachstum, Übernutzung und Hungersnöten.

VI Lösungen

I 1 Der Schalenbau der Erde — Seite 6

1. ① Erdkruste; ② Oberer Erdmantel; ③ Unterer Erdmantel; ④ Äußerer Erdkern; ⑤ Innerer Erdkern
2. Die **Erdkruste** bildet die äußere „Haut der Erde" und besteht aus festem **Gestein**. Sie lässt sich unterteilen in eine dünne **ozeanische Kruste** und eine dickere **kontinentale Kruste**. Unter der äußeren Schale erstreckt sich der **obere Erdmantel** bis in eine Tiefe von rund 400 Kilometern. Er ist in seinem oberen Bereich fest und bildet zusammen mit der Erdkruste die Gesteinshülle der Erde (**Lithosphäre**); im unteren Bereich ist die Schale plastisch und bildet die Fließzone (**Asthenosphäre**), auf der die **Erdplatten** „schwimmen". Der darunterliegende **untere Erdmantel** ist fest und reicht bis in eine Tiefe von rund 2900 Kilometern. Der **äußere Erdkern** erstreckt sich bis in 5100 Kilometer Tiefe. Seine flüssige Nickel-Eisen-Schmelze ist verantwortlich für das **Erdmagnetfeld**. Der **innere Erdkern** reicht bis in 6370 Kilometer Tiefe und ist fest. Auch er besteht hauptsächlich aus **Nickel und Eisen**.

I 2 Von der Kontinentalverschiebung zur Plattentektonik — Seite 7

1. Wegener zufolge finden sich auf heute unterschiedlichen Kontinenten zahlreiche geologische und geomorphologische Erscheinungen, die miteinander übereinstimmen und ineinander überzugehen scheinen; hierzu zählen u. a.:
   - Gesteine und Gebirgsstrukturen gleicher Art und gleichen Alters (z. B. in Westafrika und Südamerika, in Indien und Ostafrika, in Nordeuropa und Nordamerika)
   - Fossilienfunde (z. B. *Glossopteris*-Farn in Afrika, Indien, Australien, Südamerika und der Antarktis oder *Mesosaurus* in Afrika und Südamerika oder *fossile Steinkohlenwälder* in Europa und Nordamerika)
   - alte Flussläufe (z. B. Verlauf des *Uramazonas* in Afrika und Südamerika)
   - Gletscherspuren und Eisbedeckung im Perm, die auf ein tropisches Klima hindeuten (Übereinstimmungen etwa in Afrika, Südamerika, Indien, Australien und der Antarktis)
2. a) ① Nordamerikanische Platte; ② Eurasische Platte; ③ Arabische Platte; ④ Karibische Platte; ⑤ Afrikanische Platte; ⑥ Philippinische Platte; ⑦ Pazifische Platte; ⑧ Nazca-Platte; ⑨ Südamerikanische Platte; ⑩ Indisch-Australische Platte; ⑪ Antarktische Platte
   b)

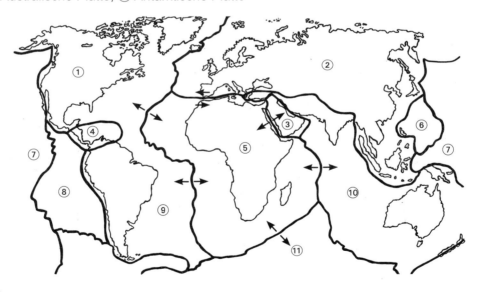

I 3 Wie Platten sich bewegen — Seite 8

1.

	A	B	C
Bezeichnung der Plattengrenze:	Transformstörung (konservative) Plattengrenze	divergierende (konstruktive) Plattengrenze	konvergierende (destruktive) Plattengrenze
Art der Plattenbewegung:	Platten gleiten aneinander vorbei	Platten bewegen sich voneinander weg (driften auseinander)	Platten kollidieren miteinander

VI Lösungen

2.

Begriff	Plattengrenze	Erklärung
Mittelozeanischer Rücken	*divergierende Plattengrenze*	*Gebirgszug auf dem Ozeangrund; im Bereich der Mittelozeanischen Rücken entsteht neuer Ozeanboden (ozeanische Kruste) durch aufsteigendes Magma*
Subduktionszone	*konvergierende Plattengrenze*	*Bereich, an dem eine schwerere (meist ozeanische) Platte unter eine andere Platte taucht; im Abtauchbereich bilden sich Tiefseegräben*

3. Plattenzug (slabpull) und Rückendruck (ridgepush)
4. Erdbeben entstehen, wenn sich beim Abtauchen (Subduktion) der ozeanischen Platte Krustenteile ineinander verhaken und sich die dadurch aufgebaute Spannung ruckartig freisetzt.
Bei der Subduktion wird die abtauchende ozeanische Kruste erhitzt und teilweise aufgeschmolzen; die entstehende Gesteinsschmelze (Magma) dringt in die kontinentale Kruste ein, steigt auf und führt zu Vulkanismus.

I 4 Entstehung von Erdbeben — Seite 9

1. Erdbeben sind natürliche Erschütterungen der Erdoberfläche (bzw. der Erdkruste und des oberen Erdmantels).
2. a) **tektonische Beben:** entstehen an tektonischen Bruchzonen (entlang von Plattengrenzen oder im Inneren einer Platte), wenn sich durch Kollision und Aneinanderreiben von Erdschollen Spannungen in der Erdkruste aufbauen, die sich plötzlich entladen; sie gelten als die stärksten Beben
   b) **vulkanische Beben:** entstehen im Zusammenhang mit aktivem Vulkanismus durch Aufstieg und plötzlichen Druckabfall des Magmas bzw. Explosionen in der Gaskammer; sind oft Vorboten für einen bevorstehenden Vulkanausbruch
   c) **natürliche Einsturzbeben:** entstehen durch Einstürze unterirdischer Hohlräume (Höhlen), wenn diese sich (durch Auswaschung löslicher Bestandteile) vergrößern und plötzlich in sich zusammenfallen; treten oft in Karstgebieten auf
3. *Beispiele:* Beben infolge von Bergbautätigkeit oder Ölförderung (durch Einbrüche bzw. Absenkungen), Atomwaffentests (durch Explosionen), Sprengungen, Einpressen von Flüssigkeiten in die Erdkruste, Füllung von Staubecken (dadurch Druckveränderung im Untergrund), Bauwerkeinstürzen

I 5 Messung und Auswirkungen von Erdbeben — Seite 10

1. Kommt es zu einer **Erschütterung**, beginnt sich die Apparatur des Seismografen parallel mit dem Boden zu bewegen. Auch die Papierrolle bewegt sich entsprechend nach oben und unten. Eine Schreibnadel zeichnet die Schwankungen als Zickzacklinie auf der Papierrolle zu einem **Seismogramm** auf (je stärker die registrierten Bebenwellen, desto größer die Ausschläge); die **Schreibnadel** selbst bewegt sich kaum spürbar, da sie an einer schweren **Ruhemasse** montiert ist, die über eine **Feder** mit der Apparatur verbunden ist und dadurch – aufgrund seiner Trägheit – nicht unmittelbar der (seismischen) Bodenbewegung folgt.
2. a) *Lösungsbeispiel:*

Stärke	Auswirkung
1–2	*(Mikrobeben) nicht spürbar / nur durch Messinstrumente nachzuweisen; keine Schäden*
3	*(sehr leichtes Beben) nur nahe des Epizentrums spürbar; keine Schäden*
4	*(leichtes Beben) 30 km um das Epizentrum spürbar (Geschirr klirrt, Bilder wackeln); meist keine Schäden*
5	*(mittleres Beben) deutlich spürbar; leichte Schäden (Gebäude vibrieren)*
6	*(mäßiges Beben) Gebäudeschäden (Risse, herabstürzende Teile)*
7	*(starkes Beben) größere Gebäudeschäden über weite Gebiete (Einsturzgefahr)*
8	*(Großbeben) Zerstörungen im Umkreis von einigen 100 km (Gebäude stürzen ein, Leitungen und Bahngleise werden beschädigt; Erdspalten bilden sich)*
9	*(katastrophales Beben) Zerstörungen im Umkreis von 1000 km (Vernichtung ganzer Städte; Erdoberfläche verändert sich)*

b) Ein Beben der Stärke 4 ist 1000 (10 × 10 × 10) Mal so stark wie ein Beben der Stärke 1.

VI Lösungen

I 6 Naturgewalt Tsunami — Seite 11

1. Ein Tsunami ist eine gewaltige Flutwelle, die meist plötzlich auftritt und sich über große Entfernungen ausbreitet; Tsunamis werden durch Bewegungen des Meeresbodens ausgelöst, meist infolge von untermeerischen Erdbeben, aber auch Vulkanausbrüchen sowie Hangrutschungen ins Meer.
2. Während sich ozeanische Kruste unter kontinentale Kruste (Festland) schiebt, werden durch Reibung Spannungen an der Plattengrenze erzeugt (Abbildung oben); werden die Spannungen zu stark, können sich diese ruckartig entladen, es kommt zur Plattenverschiebung, ein untermeerisches Erdbeben entsteht; die dabei freigesetzte Energie wird auf das Wasser übertragen, das zu einem Flutberg „aufgebeult" wird (Abbildung Mitte); durch die Gravitation entstehen Wellenberge und Wellentäler; es kommt zu einer Flutwelle, die sich in alle Richtungen ausbreitet (Abbildung unten)
3. Die Häufung von Tsunamis entlang des Pazifischen Ozeans erklärt sich anhand der besonderen tektonischen Lage. So liegen die Hauptentstehungsgebiete von Tsunamis im Bereich des Pazifischen Feuerrings, wo verschiedene Lithosphärenplatten miteinander kollidieren und teilweise subduziert werden. Durch Verhaken der Platten kommt es zu Spannungen, die sich plötzlich entladen, dadurch Erd- bzw. Seebeben auslösen und schließlich zur Bildung von Tsunamis führen können (vgl. Aufgabe 2).
4. Beim Vordringen in den Küstenbereich wird die Tsunamiwelle aufgrund der geringen Wassertiefe abgebremst, gestaucht und zu einer hohen Flutwelle aufgetürmt; mit ungeheurer Kraft dringen die Wassermassen über die Uferlinie und können in kürzester Zeit zu katastrophalen Überschwemmungen führen.

I 7 Erdbeben und Tsunamis – Vorhersage und Warnsysteme — Seite 12

1. So wie ein Balken sich biegt, wenn man Druck auf ihn ausübt, bauen sich an Plattengrenzen enorme Spannungen auf, wenn zwei Platten aneinander vorbeigleiten oder miteinander kollidieren. Man weiß zwar, dass sich die Spannung irgendwann entladen wird und es zu einem Erdbeben kommt, aber nicht, wann dies sein wird.
2. ④ Datenübertragung durch Funk; ③ Funkboje; ⑥ Weiterleitung der Daten an Warnzentrum auf dem Festland; ⑤ Satellit; ① Messgerät mit Drucksensor; ② Datenübertragung durch akustisches Signal

I 8 Erdbeben und Tsunamis – Vorbeugung und Schutzmaßnahmen — Seite 13

1. a) und b) *Lösungsbeispiel:*

Tabelle 1: Vorbeugende Maßnahmen

... bei einem Erdbeben	... bei einem Tsunami
baulich-technische Maßnahmen	
– erdbebensichere Bauweise (z. B. Stahlkonstruktionen auf elastischem Fundament; Gleitpendellager; besondere Verankerungen im Boden) – Verlegung oberirdischer Kabel (diese können nach Zerstörung schneller repariert werden)	– Errichtung von Lautsprecher-Warnanlagen (Warnsirenen) – Aufstellen von Warnschildern mit Kurzanweisungen für den Ernstfall – Installation eines Frühwarnsystems bzw. eines Tsunami-Warndienstes – Bau von Schutzräumen – an besonders gefährdeten Häfen und Buchten: Bau von Schutzmauern, Dämmen, Wellenbrechern – Umsiedlung von Menschen aus tsunamigefährdeten Uferregionen in höher gelegenes Umland

VI Lösungen

Tabelle 1: Vorbeugende Maßnahmen

... bei einem Erdbeben	... bei einem Tsunami
persönliche Maßnahmen	
– Teilnahme an Evakuierungsübungen – Ausstattung mit Feuerlöschern (für den Brandfall) – Notgepäck bereithalten (inkl. Taschenlampe, Erste-Hilfe-Utensilien/Medikamenten, batteriebetriebenes Radio) – Vorräte an Wasser und haltbaren Lebensmitteln (Konserven) bereithalten – schwere Möbel sicher in der Wand verankern (z. B. Bücherregale, Küchenschränke) – keine schweren Bilder oder Bücherregale über dem Bett anbringen – sichere Plätze in der Wohnung festlegen – Hauptschalter und -hähne von Strom, Wasser und Gas sowie Feuerquellen einprägen	– Teilnahme an Ernstfall-Übungen – Registrierung bei „Tsunami Alarm System" (im Ernstfall erfolgt Warnung direkt per SMS)

Tabelle 2: Verhaltensregeln im Ernstfall

... bei einem Erdbeben	... bei einem Tsunami
– Ruhe bewahren (die meisten Erdbeben dauern nicht länger als 60 Sekunden) – Hauptschalter und -hähne von Strom, Wasser und Gas sowie Feuerquellen ausschalten bzw. schließen – Zimmertüren weit öffnen, um Fluchtwege offen zu halten – auf Hauptrisiken achten: umstürzende Möbel, splitterndes Fensterglas (Nähe von Fenstern meiden), Feuer (offenes Feuer löschen) – vorher festgelegte Plätze in der Wohnung aufsuchen bzw. unter stabilem Tisch oder Türrahmen Schutz suchen – keine Aufzüge benutzen – nicht ins Freie laufen (falls im Freien befindlich: dort bleiben und genügend Sicherheitsabstand zu Gebäuden/elektrischen Leitungen einhalten und auf mögliche Gefahren achten)	– sich sofort von unmittelbarer Küstenregion entfernen (mind. 1 km) und höher gelegenen Ort oder ggf. vorhandenen Schutzraum aufsuchen – Menschen in der Nähe warnen

c) *Individuelle Lösung.*

I 9 Vulkane – Explosionen aus dem Erdinneren — Seite 14

1. ① Asche(wolken); ② Lapilli; ③ vulkanische Bomben; ④ Lavaschicht; ⑤ Lava; ⑥ Schlot; ⑦ Magmakammer
2. Zähflüssiges Magma befindet sich in der **Magmakammer**, der Krater ist verschlossen (durch einen Dom bzw. Lavapfropf); → Druck in der Magmakammer nimmt stetig zu, zähflüssiges Magma steigt im **Schlot** nach oben; in der Schmelze enthaltene Gase sammeln sich an der Oberfläche; → Druck im Krater steigt so stark an, dass die Dome gesprengt werden → in wechselnden Eruptionen werden **Lava** und vulkanisches Lockermaterial (***vulkanische Bomben, Lapilli, Asche***) explosionsartig aus dem Vulkan befördert; es bilden sich **Schichten aus Lava** und Lockermaterial.
3. Erdbeben; Verformungen der Erdkruste (Erhöhung des Vulkankörpers); Anstieg der Gesteinstemperatur (durch aufdringendes Magma); Vegetationsbrände an Vulkanflanken; lautes Grollen; Rauchentwicklung; dunkle Aschewolken; Veränderung der chemischen Zusammensetzung austretender Gase

VI Lösungen

I 10 Vulkantypen und Eruptionsarten — Seite 15

1.

	A	B	C
Form:	flach, schildartig aufgewölbt	kesselförmig, beckenartig	relativ steil, spitzkegelig, schichtförmig
Vulkantyp:	Schildvulkan	Caldera	Schichtvulkan

2. a) ① **hawaiianische** Eruption; Namensgeber: **Vulkane auf Hawaii**
   ② **plinianische** Eruption; Namensgeber: **Plinius der Jüngere**
   ③ **strombolianische** Eruption; Namensgeber: **Vulkan Stromboli**

   b)

	A	B	C
Eruptionsart:	strombolianisch	plinianisch	hawaiianisch

I 11 Vulkanische Gefahren — Seite 16

1. a) ① Lahare; ② pyroklastische Ströme; ③ Pyroklasten; ④ Hangrutschungen; ⑤ Lavaströme; ⑥ Asche- und Säureregen
   b) ⑤ Lahare (alte Textnummer: 1); ③ pyroklastische Ströme (alt: 2); ② Pyroklasten (alt: 3); ⑥ Hangrutschungen (alt: 4); ④ Lavaströme (alt: 5); ① Asche- und Säureregen (alt: 6)

I 12 Massenbewegungen – vom Berg ins Tal — Seite 17

1. a) *gesuchte Begriffe:* Mure, Hangrutschung, Lawine, Bergsturz, Steinschlag, Erdrutsch

B	H	R	G	**L**	T	D	F	H	N	G	**B**	L	V
L	M	F	O	**A**	B	U	U	**M**	**U**	**R**	**E**	R	A
S	E	C	H	**W**	R	B	M	C	E	Y	**R**	D	B
N	**S**	**T**	**E**	**I**	**N**	**S**	**C**	**H**	**L**	**A**	**G**	W	L
O	D	X	J	**N**	Q	A	L	D	O	M	**S**	Z	I
R	M	S	W	**E**	L	S	W	E	Z	D	**T**	O	K
A	**H**	**A**	**N**	**G**	**R**	**U**	**T**	**S**	**C**	**H**	**U**	**N**	**G**
A	N	Q	Z	C	S	R	G	I	A	M	**R**	P	S
V	**E**	**R**	**D**	**R**	**U**	**T**	**S**	**C**	**H**	G	**Z**	O	T

   b) Massenbewegungen sind in der Regel hangabwärts gerichtete Verlagerungen von Erdmassen bzw. Fest- und Lockergesteinen.

2. a) Lawinengefahr: Skifahrer sollten unbedingt auf den freigegebenen Pisten bleiben.
   b) Steinschlaggefahr: Bei Benutzung des Verkehrsweges ist besondere Achtsamkeit vor herabfallenden Steinen und möglichen Hindernissen geboten.

3. mögliche Faktoren:
   – Zunahme der Hangneigung (z. B. durch Flusserosion oder menschliche Eingriffe wie Straßenbau und sonstige Baumaßnahmen);
   – Entfernung der schützenden Vegetationsdecke (z. B. durch Waldbrand oder menschliche Eingriffe wie Rodungsmaßnahmen);
   – Zunahme der Auflast eines Hanges (z. B. durch Felsstürze oder menschliche Eingriffe wie Gebäude- oder Straßenbau);
   – Erschütterungen der Erdoberfläche (z. B. durch seismische Aktivität infolge von Erdbeben/Vulkanausbrüchen oder menschliche Eingriffe, etwa durch Einsatz vibrierender Baumaschinen oder schwere Fahrzeuge);
   – Hanginstabilität durch abschmelzende Gletscher infolge der Erderwärmung

VI Lösungen

II 1 Aufbau der Erdatmosphäre — Seite 18

1. a) und b)

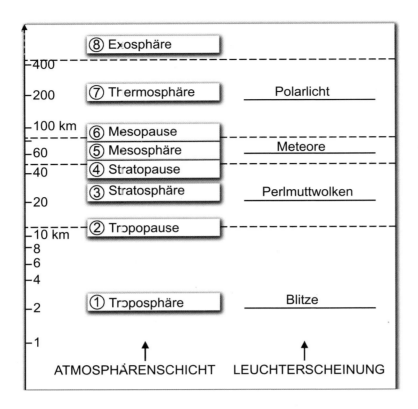

2. a) Die Tropopause liegt oberhalb des Wettergeschehens; aufgrund fehlender Wettereinflüsse (z. B. Gewitter, starke Winde) gibt es somit weniger Turbulenzen.
   weitere Gründe: Der Luftdruck und damit der Reibungswiderstand sind geringer, das Flugzeug benötigt weniger Treibstoff (Kerosin); es gibt es keine gefährlichen „Hindernisse" (z. B. Berge, Vögel).
   b) Druckkabinen gleichen den abnehmenden Luftdruck in der Höhe aus. Ohne Druckausgleich wäre die Luft im Bereich der oberen Troposphäre zu dünn und zu sauerstoffarm.

II 2 Globale atmosphärische Zirkulation — Seite 19

1. a) Am Äquator ist die Strahlungsbilanz positiv, d. h. es besteht ein Energieüberschuss > Luft und Boden erwärmen sich entsprechend stark.
   An den Polen ist die Strahlungsbilanz negativ, d. h. es besteht ein Energiemangel > Luft und Boden kühlen entsprechend stark ab.
   b) Die globale atmosphärische Zirkulation sorgt für einen Ausgleich zwischen den warmen tropischen Luftmassen und den kalten polaren Luftmassen. Am Äquator steigt warme Luft auf, dort bildet sich am Boden ein Tiefdruckgebiet; an den Polen sinkt kalte Luft ab, es entsteht ein bodennahes Hochdruckgebiet. In der Höhe ist es umgekehrt. Um die Druckunterschiede auszugleichen, strömt die bodennahe Luft von den Polen in Richtung Äquator und die Luft in der Höhe vom Äquator in Richtung der Pole. So kommt es letztlich zu einem Wärmeaustausch zwischen der Äquatorregion und den Polen.
   (*Zusatz:* Der Wärmeaustausch zwischen Äquator und Pol erfolgt jeweils nicht über ein großes, sondern über mehrere Zirkulationssysteme, die aus der Erdrotation bzw. der Corioliskraft resultieren.)

VI Lösungen

2.

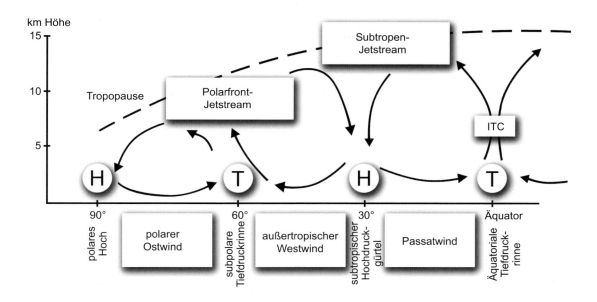

II 3 Zyklonen – wandernde Tiefdruckwirbel Seite 20

1. a) und b)

Anfangssituation
Stadium 1: Entlang der **Polarfront**, etwa auf der Höhe Islands, trifft warme **Tropik**luft aus dem Süden mit kalter **Polar**luft aus dem Norden zusammen. Der über der Polarfront befindliche Höhenstrahlstrom (**Jetstream**, genauer: Polarfrontjetstream) in der wärmeren Luftmasse weht verhältnismäßig langsam.

Wellenstörung
Stadium 2: Der große **Temperatur**gegensatz zwischen beiden Luftmassen führt dazu, dass die Grenzfläche in Schwingungen versetzt und wellenförmig verbogen wird. Der Jetstream beginnt zu mäandrieren, es bilden sich Tröge und Rücken. In den Trögen fällt der Druck in Bodennähe ab – es entsteht ein Tiefdruckgebiet (**Bodentief**).

Entwicklung
Stadium 3: Um den Kern des Tiefs beginnt sich die Luft gegen den Uhrzeigersinn zu drehen. Dabei dringt die warme Tropikluft nach Norden gegen die kalte Polarluft vor, während die Polarluft nach Süden gegen die Tropikluft verschoben wird. Am vorderen Rand der Tropikluft bildet sich eine **Warmfront**; am vorderen Rand der Polarluft eine **Kaltfront**. An der Warmfront gleitet die leichtere Warmluft mit einem höheren Feuchtigkeitsgehalt auf die kalte Luft auf und kühlt sich dabei ab. Es kommt zur Bewölkung und **Kondensation**.

Reifestadium
Stadium 4: Die warme Luft strömt weiter nach Norden und die kalte Luft weiter nach Süden. Das Tief hat sich zu einem Wirbel entwickelt und wandert mit dem Jetstream in der Höhe nach **Osten**. Zwischen Warmfront und Kaltfront befindet sich ein Keil von Warmluft, der sogenannte **Warmsektor**.

Okklusion
Stadium 5: Da die warme Luft durch das Aufgleiten Bewegungsenergie verliert, rückt die Kaltfront zunehmend an die Warmfront heran; der **Warmsektor** wird immer kleiner. Schließlich holt die Kaltfront die Warmfront ein. Die kalte Luft schiebt sich unter die warme Luft und hebt diese vom Boden ab. Es kommt zur **Okklusion**; beide Fronten vereinigen sich zu einer **Okklusions**front. Die leichtere Warmluft gleitet auf die Kaltluft auf, wird vollständig in die Höhe gehoben und kühlt sich ab. Im Endstadium besteht das ganze Tief nur noch aus Kaltluft. Die **Zyklone** löst sich auf.

VI Lösungen

2. In den wandernden Tiefdruckwirbeln (Zyklonen) kommt es zur Verwirbelung und Vermischung der kalten Polarluft mit der warmen Tropikluft. Dadurch tragen Zyklonen zum Ausgleich des globalen Temperaturgegensatzes zwischen dem warmen Äquator und den kalten Polen bei.

II 4 Tropische Wirbelstürme — Seite 21

1.

	Entstehungsgebiet	Bezeichnung des Wirbelsturms
①	Nordöstlicher Pazifischer Ozean	Hurrikan (auch: Cordonazo)
②	Nördlicher Atlantischer Ozean	Hurrikan
③	Nördlicher Indischer Ozean	Zyklon
④	Südlicher Indischer Ozean	Zyklon (im südöstlichen Indischen Ozean vor Australien traditionell auch: Willy-Willy)
⑤	Nordwestlicher Pazifischer Ozean	Taifun
⑥	Südwestlicher Pazifischer Ozean	Zyklon

2. wesentliche Bedingungen:
   - mindestens 27 °C Wassertemperatur (bis in mindestens 50 m Tiefe)
   - hohe Luftfeuchtigkeit (durch hohe Wassertemperatur gegeben)
   - Warme Luftmassen steigen auf und ziehen andere Luftmassen nach sich, sodass Winde entstehen.
   - Feuchtigkeit in aufsteigenden Luftmassen kondensiert und lässt zusätzliche Wärme entstehen; Luftmassen werden dadurch weiter erwärmt und in ihrem Aufstieg beschleunigt (da durch Erwärmung geringeres spezifisches Gewicht).
   - Umgebungswinde müssen ähnlich stark und in annähernd gleicher Richtung wehen wie die Winde des entstandenen Sturms.
   - aufgestiegene Luft wird durch hohen Luftdruck nach außen gelenkt; beeinflusst durch die Corioliskraft beginnt der Wirbelsturm zu rotieren.
   - in der Mitte des Wirbels bildet sich windstilles Auge mit abfallendem Luftdruck; am Rand des Auges schrauben sich starke Aufwinde nach oben.

II 5 Tornados — Seite 22

1. Ein Tornado ist ein schnell rotierender **Wirbelsturm**, der sich vom **Erdboden** bis zur Unterseite einer **Wolke** erstreckt. Im Vergleich zu einem **Hurrikan** ist der entstehende Luftwirbel eines Tornados sehr **schmal** und ähnelt einer fast senkrechten Röhre, die sich schnell um ihre eigene **Achse** dreht. Tornados werden auch als **Großtromben** oder **Windhosen** bezeichnet.
   Tornados entstehen über dem **Festland** in Verbindung mit mächtigen Gewitterwolken. Eine Grundvoraussetzung ist, dass **feuchwarme Luft** am Boden auf hochreichende **Kaltluft** trifft. Dabei kommt es zu großen Feuchtigkeits- und **Temperatur**gegensätzen. Gleichzeitig müssen die **Windstärke** und Windrichtung am Boden und in der Höhe unterschiedlich stark ausgeprägt sein. Intensive **Sonneneinstrahlung** führt schließlich zum spiralförmigen **Aufsteigen** bodennaher Warmluft.

2. Innerhalb eines Tornados steigt feuchwarme Luft in die Höhe und kondensiert. Von Oben strömt kalte Luft mit hoher Geschwindigkeit zum Boden. Durch die entgegengesetzten Windrichtungen werden die aufsteigenden Luftmassen in eine starke Rotation versetzt. Es bildet sich schließlich der typische Wolkenschlauch („Tornadorüssel"), in dem die kondensierte Luft mit extrem hoher Geschwindigkeit aufwärts rotiert.

3.

F-Stufe	Windgeschwindigkeit*	Schäden (Beispiele)*
F0	*64 bis 116 km/h*	*Schornsteine und Reklametafeln werden demoliert, Äste abgebrochen und flach wurzelnde Bäume umgestoßen.*
F5	*419 bis 512 km/h*	*Stabile Gebäude werden aus ihren Fundamenten gehoben. Autos fliegen mehr als 100 Meter durch die Luft. Stahlbetonkonstruktionen werden beschädigt und sogar Baumstämme entrindet.*

* nach DWD, http://www.deutscher-wetterdienst.de/lexikon/index.htm?ID=F&DAT=Fujita-Skala

VI Lösungen

II 6 Unwetter – extreme Wetterereignisse — Seite 23

1. *Beispiele:* Gewitter (z. B. Wärmegewitter, Frontgewitter), Blitzschlag, starke Windböen (z. B. Fallböe bzw. *Downburst*), Sturm, Wirbelsturm/Orkan (z. B. Hurrikan, Tornado), Überflutung, Sturmflut, Starkregen, Eisregen, Hagel, extremer Schneefall, extreme Kälte/extreme Hitze, Glatteis
2. a) – Wärmegewitter bilden sich, **wenn bodennahe, feuchtwarme Luft über dem Festland in große Höhe aufsteigt.**
   – Wärmegewitter treten **in sommerlichen Hitzeperioden auf.**
   – Wärmegewitter entstehen **nur über dem Festland.**
   b) Frontgewitter
3. a) Die festen und flüssigen Teilchen in der Gewitterwolke werden durch die starken Turbulenzen elektrisch aufgeladen: In den kalten, oberen Wolkenschichten befinden sich positiv geladene Eisteilchen, in den unteren Wolkenschichten negativ geladene Wasserteilchen. Die extremen Spannungsunterschiede entladen sich schließlich in Form von Blitzen.
   b) Das Licht des Blitzes breitet sich mit Lichtgeschwindigkeit (ca. 300 000 km/s = 300 000 000 m/s) aus, der Donner dagegen „nur" mit Schallgeschwindigkeit (ca. 343 m/s).

II 7 Naturgewalt der Gezeiten — Seite 24

1. ① **Ebbe** bezeichnet das Sinken des Meeresspiegels zwischen (Tide-)Hoch- und (Tide-)Niedrigwasser.
   ② **Flut** bezeichnet das Steigen des Meeresspiegels zwischen (Tide-)Niedrig- und (Tide-)Hochwasser.
   ③ **(Tide-)Hochwasser** bezeichnet den höchsten Wasserstand zwischen zwei aufeinanderfolgenden (Tide-)Niedrigwassern.
   ④ **(Tide-)Niedrigwasser** bezeichnet den tiefsten Wasserstand zwischen zwei aufeinanderfolgenden (Tide-)Hochwassern.
   ⑤ **Tidenhub** bezeichnet den Höhenunterschied zwischen (Tide-)Hochwasser und (Tide-)Niedrigwasser.
2. **Springtide** (Springflut): Zur Springtide kommt es wenn Erde, Mond und Sonne in einer Linie stehen. Dadurch addieren sich die Anziehungskräfte. Bei Neumond wirken die Anziehungskräfte sogar aus derselben Richtung. (Zusatz: Auf der jeweils gegenüberliegenden Erdseite entsteht ebenfalls ein hoher Flutberg, da sich die Drehachse innerhalb der Erde befindet.)
   Nipptide (Nippflut): Zur Nipptide kommt es, wenn Erde, Mond und Sonne in einem rechten Winkel zueinander stehen. Dadurch wirken die Anziehungskräfte von Mond und Sonne in unterschiedliche Richtungen und schwächen sich gegenseitig ab.

II 8 Sturmfluten – Naturgefahren an den Küsten — Seite 25

1. a) *Beispiele:*
   – Einflussfaktor **Gezeiten**: Bei der Springtide fallen die Fluten z. B. besonders hoch aus.
   – Einflussfaktor **Wind (Windrichtung/Windstärke)**: Z. B. wird Atlantikwasser durch vorherrschende Westwinde in die Nordsee und die Deutsche Bucht gedrückt. Bei Winden mit Sturm- oder Orkanstärke wird dieser Prozess entsprechend verstärkt.
   – Einflussfaktor **Wetterlage**: Z. B. lässt geringer Luftdruck im Bereich des nordatlantischen Tiefs den Wasserspiegel ansteigen, der in Richtung der flacheren Küstenbereiche an Höhe zunimmt.
   – Einflussfaktor **Küstenform**: Z. B. führen trichterförmige Küsten bzw. Flussmündungen (bspw. Elbmündung) zu einer Stauung der Wassermassen und entsprechend höheren Wellen.
   b) Sturmfluten bergen die Gefahr von großflächigen Überschwemmungen, insbesondere wenn Deiche durchbrochen werden. Hinzukommt, dass der Wasserstand relativ rasch ansteigt und Sturmfluten – je nach Wetterlage – auch in schneller Folge nacheinander auftreten können. Mögliche Folgen: Landverluste, Beschädigung/Zerstörung von Gebäuden und Infrastruktur, Bedrohung von Mensch und Tier. Eine Begleiterscheinung von Sturmfluten sind Unwetter, von denen zusätzliche Gefahren ausgehen (Entwurzelung von Bäumen, einstürzende Dächer usw.).
2. Ein Grund liefert die globale Erderwärmung, die zu einem Anstieg des Meeresspiegels (durch thermische Ausdehnung und Abschmelzen von Festlandeis) und damit wahrscheinlich zu einem Anstieg der Sturmfluthöhen führen wird. Ein weiterer Grund besteht darin, dass sich die Zunahme der atmosphärischen Treibhausgase, die das globale Klima beeinflussen, vermutlich auch auf die Entwicklung von Stürmen auswirkt. So könnten Stürme in ihrer Häufigkeit und Intensität künftig zunehmen und damit auch die Gefahren von Sturmfluten erhöhen.

VI Lösungen

II 9 Hochwasser und Überschwemmungen an Flüssen — Seite 26

1. Von einem Hochwasser spricht man, wenn das Wasser deutlich über den normalen Pegelstand (Mittelwasser) ansteigt. Flüsse treten bei Hochwasser über die Ufer und überschwemmen – insbesondere bei fehlenden oder instabilen Deichen – die dahinterliegende Landschaft.
2. a) Starkregen (im Sommer), rasche Schneeschmelze (im Frühjahr), ergiebiger Dauerregen, Eisstau, Windstau
   b) – **Flussausbau**, insbesondere durch **Flussbegradigung**: Durch Begradigungen und Staustufen wird die Fließgeschwindigkeit erhöht, natürliche Rückhalteräume (Überflutungsflächen) gehen verloren; der Fluss gewinnt an Energie und richtet bei Hochwasser entsprechend größere Schäden an
   – **Versiegelung/Verbauung der Landschaft:** Durch Flächenversiegelung und Verbauung oder landwirtschaftliche Nutzung natürlicher Rückhalteräume entlang von Flüssen (insbesondere von Auen mit ihrer Schutzfunktion) werden die Oberflächenabflüsse erhöht, weil der Boden weniger Wasser speichern kann; Wasser fließt verstärkt in die Kanalisation und gelangt schneller in die Flüsse, wodurch letztlich die Fließgeschwindigkeit erhöht wird.
   – (Zusatz: Auch der menschliche Einfluss auf die **Erderwärmung** und eine dadurch prognostizierte **Zunahme der Niederschläge** in Mitteleuropa, vor allem im Frühjahr und Winter, kann zu einer erhöhten Hochwassergefahr beitragen.)
3. *Mögliche Folgen:* Menschen und Tiere ertrinken; Häuser und Hausrat, Gewerbe- und Industrieanlagen sowie Infrastruktur (z. B. Straßen, Bahngleise, Gas-, Strom-, Wasser- und Telefonleitungen) werden beschädigt oder zerstört; Ernteverluste entstehen; Grundwasser wird verseucht (z. B. durch Heizöl, Chemikalien),

II 10 Gletscher – Ströme aus Eis — Seite 27

1. ⑨ Endmoräne; ⑪ Gletscherbach; ④ Gletscherspalten; ⑫ Gletschertor; ⑧ Gletscherzunge; ⑤ Grundmoräne; ① Nährgebiet; ⑩ Sandersedimente; ③ Schneegrenze; ② Schnee- und Firnfeld; ⑦ Seitenmoräne; ⑥ Zehrgebiet
2. Ein Gletscher entsteht nur unter zwei Bedingungen: Erstens muss ausreichend Niederschlag in Form von *Schnee* fallen, zweitens muss ein Teil des Schnees auch in den *Sommer*monaten liegen bleiben. Beide Voraussetzungen sind oberhalb der klimatischen *Schneegrenze* erfüllt. Dort befindet sich das *Nähr*gebiet des Gletschers. Aus dem Neuschnee bildet sich zunächst der *Firn* und durch zunehmenden *Druck* schließlich *Eis*. Erst wenn die Eismassen eine ausreichende *Mächtigkeit* besitzen und beginnen sich talwärts zu bewegen, spricht man von einem *Gletscher*. Das Gebiet, in dem ein Gletscher anfängt zu schmelzen, wird als *Zehrgebiet* bezeichnet.

II 11 Lawinen – die weiße Gefahr — Seite 28

1. a)

	A	B	C
Lawinentyp:	*Lockerschneelawine*	*Staublawine*	*Schneebrettlawine*

   b)

Schneebrettlawine		**Lockerschneelawine**		**Staublawine**	
gilt als typische Skifahrer-Lawine	④	hat punktförmigen Anriss	①	ist bis zu 350 km/h schnell	②
hat linienförmigen Anriss	⑤	reißt durch Kettenreaktion immer mehr Schnee mit sich	⑥	erzeugt gefährliche Druckwellen	③
gleitet in Schollen talwärts	⑧	vergleichsweise weniger gefährlich	⑨	besteht aus Luft-Schnee-Gemisch	⑦

2. a) *Faktoren (Zusatzerklärungen in Klammern):*
   – **Hangneigung (Steilheit)** (vorwiegend zwischen 30° bis 50° Neigung),
   – **Hanglage (Exposition)** (hiermit ist u. a. der Einfluss durch die Sonnenscheindauer verbunden)
   – **Neuschneemenge** (entscheidend ist vor allem die Zuwachsrate pro Zeiteinheit, nicht die Gesamthöhe der Schneedecke),
   – **Festigkeit der Schneedecke** (nimmt z. B. durch Erwärmung ab),
   – **Wind** (trägt zu unregelmäßiger Schneeablagerung bei, insbesondere von Neuschnee, der an bestimmten Positionen vermehrt abgelagert wird),
   – **Temperatur, Temperaturschwankung** (hat insbesondere Einfluss auf die Schneefestigkeit, s. o.),
   – **Niederschlagsereignis** (kann Schneefestigkeit rapide verringern)

VI Lösungen

b) Die Entstehung von Lawinen wird insbesondere durch die Rodung lawinengefährdeter Berghänge begünstigt. Fehlender Waldbewuchs verringert letztlich die Stabilität der Schneemassen. Auch der anthropogen beeinflusste Klimawandel und die damit verbundene Erderwärmung kann indirekt zu einer erhöhten Lawinengefahr führen.
Zur Auslösung einer Lawine kommt es, wenn die Schneedecke zu instabil geworden ist und der Belastung nicht mehr standhalten kann. Menschliche Auslöser sind vor allem Belastungen durch Ski- oder Snowboardfahrer (Eigengewicht), aber auch Sprengladungen bzw. Explosionen (Druckwellen).

II 12 Dürren und Dürrekatastrophen — Seite 29

1. a) Der Begriff „Dürre" bezeichnet eine extreme Trockenperiode, in der (z.B. infolge von Niederschlagsmangel) weniger Wasser verfügbar ist als erforderlich (und somit eine ausreichende Wasserversorgung der Pflanzen nicht mehr gewährleistet ist).
   b) Eine Dürre wird zu einer Dürre*katastrophe*, sobald Menschen (und Tiere) unter den Folgen einer Dürre zu leiden haben. Dies ist oft eine Folge unangepasster Landnutzung (etwa durch Übernutzung, Abholzung). Zur Katastrophe führen letztlich der Entzug der Nahrungsgrundlage (durch Ernteausfälle) und Trinkwasserknappheit.
2. *Lösungsbeispiel:*

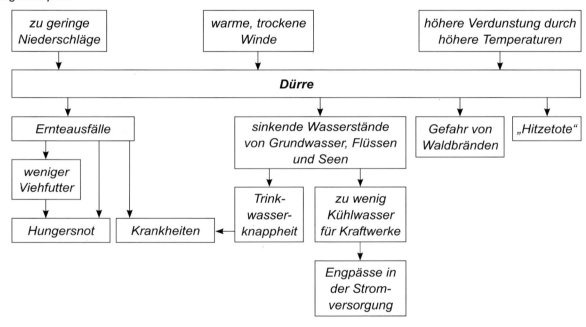

III 1 Erdbeben und Vulkane in Deutschland — Seite 30

1. Obwohl in **Deutschland** jedes Jahr mehrere hundert **Erdbeben** gemessen werden, sind diese meistens so **schwach**, dass sie kaum **spürbar** sind und keine **Schäden** anrichten. Die **Wahrscheinlichkeit** für ein starkes Erdbeben ist in Deutschland sehr gering. Noch geringer ist die Wahrscheinlichkeit für einen **Vulkanausbruch**. Der letzte Ausbruch ereignete sich im Gebiet um den **Laacher See** vor rund 11 000 Jahren.
2. **Erdbebengebiete:** Ⓐ Niederrheinische Bucht, Ⓒ Oberrheingraben, Ⓑ Vogtland, Ⓓ Zollerngraben
   Vulkangebiete: ① Eifel, ⑧ Hegau, ⑤ Hessische Senke, ⑦ Kaiserstuhl, ⑥ Rhön, ⑨ Schwäbische Alb, ② Siebengebirge, ④ Vogelsberg, ③ Westerwald
3. a) Der Grund sind unterirdische Hohlräume (ehemalige Stollen), die durch den Bergbau entstanden sind. Werden diese Hohlräume nach Aufgabe der Stollen und ohne stützende Pfeiler sich selbst überlassen, können durch plötzliches Nachsacken überlagernder Gesteinsschichten Erschütterungen ausgelöst werden, die Erdbebenstärke erreichen.
   b) *Individuelle Lösung z. B. in Form eines Kurzvortrags (Hinweise:* Das Beben mit Stärke 4 auf der Richterskala war im gesamten Landkreis von Saarlouis zu spüren; es kam zu Gebäudeschäden (darunter eine Kirche) und zu Stromausfällen (in Teilen der Stadt Saarlouis); Bilder und Lampen stürzten von Wänden und Decken; Dachziegel fielen herab; ein Auto wurde von herabstürzendem Schornstein beschädigt; mehrere Schornsteine waren einsturzgefährdet; Menschen kamen nicht zu Schaden.)

VI Lösungen

III 2 Der Oberrheingraben – eine tektonische Schwächezone — Seite 31

1. ① Der Oberrheingraben erstreckt sich etwa zwischen Basel (Schweiz) und Frankfurt am Main. (AK)
   ② Der Graben ist durchschnittlich rund 30 bis 40 Kilometer breit. (TI)
   ③ Das Klima im Oberrheingraben ist trocken-warm. (VS)
   ④ Zu den Randgebirgen des Oberrheingrabens zählen Schwarzwald und Vogesen (TE) sowie Pfälzer Wald und Odenwald. (ER)
   ⑤ Ein bekanntes Vulkangebirge im südlichen Oberrheingraben ist der Kaiserstuhl. (DB)
   ⑥ Die Entstehung des Oberrheingrabens begann vor etwa 35 Millionen Jahren im Zuge der alpidischen Gebirgsbildung. (EB)
   ⑦ Im Bereich des Oberrheingrabens wurde die Erdkruste durch Aufwölbung von Mantelmaterial gedehnt, ausgedünnt und schließlich auseinandergezerrt. (EN)
   sowie: senkte sich die Erdoberfläche ab, während die Randgebiete zu Grabenschultern herausgehoben wurden. (RE)
   ⑧ In geologischer Hinsicht ist der Oberrheingraben ein Senkungsgebiet. (GI)
   sowie ein Grabenbruch. (ON)

   Lösungssatz: Der Oberrheingraben ist Deutschlands AKTIVSTE ERDBEBENREGION.

III 3 Tornados über Deutschland — Seite 32

1. a)

Folgen des Tornados …	
… in Pforzheim (1968)	… in Brandenburg (1979)
– mehr als 2000 Häuser beschädigt – 2 Tote, über 200 z. T. Schwerverletzte	– mehrere Gebäude zerstört – 10,5 Tonnen schwere Mähdrescher durch die Luft gewirbelt – Türen über mehr als 4 km verfrachtet – Strommasten aus Beton abgebrochen – Teiche komplett leer gesogen – Bäume teilweise entrindet – mindestens 6 Verletzte

b) Tornados treten sehr kurzfristig und zudem sehr kleinräumig (meist von wenigen Metern bis zu mehreren Kilometern Länge bzw. zwischen 20 und einigen 100 Metern Breite) sowie über kurze Zeitspannen (von einigen Sekunden bis zu mehr als einer Stunde, im Durchschnitt aber unter 10 Minuten) auf. Welche Region von einem Tornado betroffen sein kann, ist schwer vorhersagbar und manchmal nur Minuten vorher einzugrenzen. Meteorologen sind daher in der Regel auf Beobachtungen und Hinweise Dritter angewiesen (zufällige Augenzeugen, betroffene Anwohner, ehrenamtliche Beobachter). Die Einstufung eines Tornados erfolgt somit meist auf Basis von Fotos, Beschreibungen, Zeitungsberichten und (nachträglichen) Recherchen vor Ort.

2. *Individuelle Lösung. (Linktipp „Tornadoliste Deutschland": www.tornadoliste.de)*

III 4 Unwetter in Deutschland — Seite 33

1. a) Die Grundvoraussetzung für die Entstehung eines Gewitters ist zunächst feuchte und warme Luft in Bodennähe und diese ist eher in den Sommermonaten anzutreffen. Eine weitere Voraussetzung sind ausreichend große Temperaturunterschiede zwischen der warmen Luft am Boden und der kälteren Luft in der Höhe. Auch diese Temperaturunterschiede sind – aufgrund der stärkeren Sonneneinstrahlung – im Sommer allgemein höher als im Winter. Folglich sind im Sommer vergleichsweise häufiger schwere Gewitter anzutreffen.

   b) Wärmegewitter (auch: Sommergewitter, Konvektionsgewitter)

   c) Damit Gewitter entstehen, muss warme Luft in große Höhe aufsteigen, wo sie dann schnell abkühlt und es zur Kondensation kommt. Gebirge verstärken diesen Prozess, weil sie die warmen Luftmassen nach oben lenken. Mittelgebirge und besonders die Alpen dienen quasi als „Sprungbretter" für die Bildung von Gewitterwolken. Ein weiterer Grund für die Häufung von Gewittern in Süddeutschland sind die dort durchschnittlich höheren Temperaturen (und damit tendenziell wärmere Luft) als im Norden Deutschlands.

2. z. B. Glatteis, Glatteisregen, Schneestürme, Schneeverwehungen, extremer Schneefall, Wintergewitter

VI Lösungen

III 5 Sturmfluten an der Nordseeküste — Seite 34

1. Eine potenzielle Gefährdung durch Sturmfluten an der Nordsee ergibt sich aus den relativ flachen Küsten. Die geringen Wassertiefen an Flachküsten führen (bei aufkommendem Sturm) grundsätzlich zu einem höheren Windstau und damit zu einem höheren Wasserstand. Hinzu kommt die topographische Trichterform der deutschen Nordseeküste und insbesondere der Deutschen Bucht, wodurch die Sturmflutgefahr – bei Stürmen aus westlicher bis nordwestlicher Richtung – zusätzlich gesteigert wird. Da viele Flussläufe durch Deiche und Sperrwerke abgeschottet sind, ist die zur Nordsee offene Elbmündung in besonderer Weise sturmflutgefährdet.

2. a)

Jahr	Sturmflut	Auswirkungen (z. B. Veränderungen der Küste, Schäden, Opfer)*
1164	Erste Julianenflut	*erster Einbruch der Jade/Jadebusen beginnt zu entstehen; große Schäden im Elbegebiet; ca. 20 000 Tote*
1219	Erste Marcellusflut	*große Überflutungen im Elbegebiet und in Ostfriesland; ca. 36 000 Tote*
1362	Zweite Marcellusflut (Erste Grote Mandränke)	*große Landverluste; erster Einbruch des Dollart; Dollart beginnt zu entstehen; u. a. werden Leybucht, Harlebucht und Jadebusen erweitert; nordfriesische Uthlande gehen in den Fluten unter; Stadt Rungholt und zahlreiche Ortschaften werden vollständig zerstört; Insel Strand und mehrere Halligen (darunter Hooge und Süderoog) entstehen; nordfriesische Küstenlinie wird nach Osten verlagert, Husum wird zur Hafenstadt; ca. 100 000 Tote*
1634	Burchardiflut (Zweite Grote Mandränke)	*Insel Strand wird auseinandergerissen; Inseln Nordstrand und Pellworm entstehen; Hallig Nordstrandischmoor entwickelt sich; ca. 15 000 Tote*
1717	Weihnachtsflut	*katastrophale Überflutungen an der gesamten Nordseeküste sowie der Elbe und Weser; ca. 12 000 Tote (von den Niederlanden bis Dänemark); ca. 100 000 Stück Vieh ertrinken in den Fluten; ca. 8000 Häuser werden zerstört*

* Quellen: http://www.wattwandern-johann.de/Allgemeine-Seiten/Sturmfluten.html, http://de.wikipedia.org/wiki/Liste_der_Sturmfluten_an_der_Nordsee

b) *Individuelle Lösung.* (Online-Recherchetipps: http://de.wikipedia.org/wiki/Sturmflut_1962, http://www.naturgewalten.de/sturmflut1962.htm, http://www.ndr.de/geschichte/chronologie/sechzigerjahre/sturmfluthamburg2.html)

III 6 Deiche schützen das Küstenland — Seite 35

1. Deiche dienen dem Schutz hochwassergefährdeter Gebiete. Dies gilt insbesondere für die Küstenbereiche, die nur knapp über dem Meeresspiegel liegen und dadurch von Fluten besonders bedroht sind. Ohne Deiche würden große Landflächen bei jeder Flut überschwemmt werden, von besonderen Hochwasserereignissen oder Sturmfluten ganz zu schweigen. Die Folge wären riesige Landverluste; eine dauerhafte Besiedlung der betroffenen Gebiete wäre nicht möglich. Deiche dienen somit gleichzeitig der Landgewinnung.

2. a) **Außenberme:** schwach geneigter Absatz zur Verstärkung des Deiches, der über dem gewöhnlichen Wasserstand am Fuß der Außenböschung liegt
Außenböschung: wasserseitige (und meist flachere) Böschung eines Deiches
Bemessungshochwasser: Hochwasserereignis, das zur Festlegung der notwendigen Deichhöhe herangezogen wird (z. B. Hochwasser bei einer schweren Sturmflut)
Binnenberme: vgl. Außenberme, jedoch am Fuß der Innenböschung gelegen
Binnenböschung: landseitige Böschung eines Deiches
Deckwerk: Bauwerk (z. B. Steinschüttungen, Pflasterungen) an der Außenseite eines Deiches; dient der zusätzlichen Befestigung bzw. dem Schutz
Deichkörper: baut den Deich auf; besteht oft aus stark lehmhaltigen Sanden
Deichkrone: Deichkappe; oberer Abschluss eines Deiches zwischen Außen- und Innenböschung
Deichgraben: parallel zur Deichbinnenseite verlaufender Entwässerungsgraben; dient zur Entwässerung des Deiches bzw. zur Abführung von überlaufendem Wasser (z. B. bei Sturmfluten)

b) ① Binnenböschung, ② Außenböschung, ③ Deichkrone, ④ Bemessungshochwasser, ⑤ Binnenberme, ⑥ Außenberme, ⑦ Deichgraben, ⑧ Deichkörper, ⑨ Deckwerk

VI Lösungen

c) Die flachere Außenböschung verringert den Widerstand gegenüber den eintreffenden Wellen. Die Brandungskraft wird gemindert, sodass die Wellen auf der Böschung langsam auslaufen. (Umgekehrt würden die Wellen bei einer steilen Außenböschung mit ungebremster Kraft auf den Deich prallen und z. B. die Gefahr einer Unterspülung erhöhen.)

III 7 Flusshochwasser in Deutschland — Seite 36

1. a) Durch menschliche Eingriffe wurden die Flusslandschaften der großen Flüsse in den letzten Jahrhunderten massiv umgestaltet, etwa durch Begradigung, Eindeichung, Besiedelung, Landwirtschaft und Verbauung der Landschaft. Durch Begradigung / Eindeichung wurden u. a. die Fließgeschwindigkeiten erhöht; Flächenversiegelung trägt dazu bei, dass der Oberflächenabfluss erhöht wird, das Wasser damit schneller in die Flüsse gelangt und somit die Fließgeschwindigkeit zusätzlich erhöht wird. Durch Besiedlung, Landwirtschaft und Verbauung gingen wertvolle natürliche Überschwemmungsflächen (Auenlandschaften) verloren. Alle diese (menschlichen) Faktoren führen letztlich zu einer Erhöhung der Energie der Flüsse und damit ihres Zerstörungspotenzials. Die Gefahr von Hochwasserkatastrophen wird somit durch den Menschen verstärkt.
   b) Maßnahmen zum Hochwasserschutz (Beispiele): natürliche Wasserrückhalteflächen oder künstliche Speicheranlagen (Rückhaltebecken) schaffen, Bauverbote in Überschwemmungsgebieten erteilen bzw. bei Bauvorhaben in Risikogebieten ausreichend große Retentionsflächen (Überflutungsflächen) einplanen, Bodenversiegelung begrenzen bzw. Entsiegelungen durchführen, Flusslandschaften renaturieren / Auenwälder wiederherstellen (Aufforstung), Deiche rückverlegen (ins Landesinnere), landwirtschaftliche Nutzung anpassen (z. B. bodenschonende Verfahren wie Direktsaat statt Pflugeinsatz anwenden), Sickerwasservorrichtungen bauen (zur Abführung von Oberflächenwasser in die Kanalisation), (Früh-)Warnsysteme installieren, Verhaltensregeln / Abläufe für den Katastrophenfall festlegen und kommunizieren, Risikobewusstsein in der Bevölkerung schärfen (z. B. durch Errichtung von Hochwassermarken)
2. a) Ein Jahrhunderthochwasser ist ein Hochwasserereignis, dass – hinsichtlich der Pegel(höchst)stände bzw. der Abflussmengen – einmal alle 100 Jahre im statistischen Mittel eintritt.
   b) *Individuelle Lösung. (Online-Recherchetipps:*
   http://de.wikipedia.org/wiki/Elbhochwasser_2002,
   http://www.dwd.de/bvbw/generator/DWDWWW/Content/Oeffentlichkeit/KU/KU4/KU42/Publikationen/Elbehochwasser,templateId=raw,property=publicationFile.pdf/Elbehochwasser.pdf,
   http://www.mugv.brandenburg.de/cms/media.php/2320/elbehw02.pdf)

III 8 Landschaften – von Eiszeiten geprägt — Seite 37

1. a) Mit den **Gletscher**vorstößen der letzten großen **Eiszeiten** kam es in **Norddeutschland** und im **Alpenvorland** zur Ausbildung von **Landschaftsformen**, die in einer ganz bestimmten Reihenfolge auftraten. Diese Abfolge wird als **glaziale Serie** bezeichnet.
   Unter den Gletschern entstanden schuttführende **Grundmoränen**. Vertiefungen im Bereich der Grundmoränen, die die **Gletscherzungen** nach ihrem Abschmelzen hinterließen, nennt man **Zungenbecken**. Diese werden nach vorne, am Eisrand, begrenzt durch wallartige Gesteinsaufschüttungen, die sogenannten **Endmoränen**. Vor diesen Hügelketten bildeten sich durch ablaufendes Schmelzwasser weite Schotterebenen aus Sand und Kies, in Norddeutschland **Sander** genannt. Im norddeutschen Raum sammelte sich das Schmelzwasser und schuf breite Entwässerungsrinnen, die **Urstromtäler**. In diesen geschaffenen Tälern floss das Schmelzwasser parallel zum **Eisrand** in Richtung **Nordseebecken.**
   b) Elbe-Urstromtal, Breslau-Magdeburger Urstromtal, Glogau-Baruther Urstromtal, Warschau-Berliner Urstromtal, Thorn-Eberswalder Urstromtal
   c) Urstromtäler haben sich durch abfließendes Schmelzwasser während der Eiszeiten gebildet. Die Flüsse Rhein und Donau sind jedoch voreiszeitlich entstanden und können daher nicht als Urstromtäler bezeichnet werden.
2. Die Lössgebiete entstanden in den Eiszeiten durch Auswehung von Löss, einem feinen, kalkhaltigen Gesteinsstaub aus den Ablagerungen der Gletscher. Vorherrschende Westwinde sowie Fallwinde, die von den Gletschern wehten, nahmen den Löss im kargen Gletschervorland (im Bereich der Moränen- und Sanderflächen) auf, transportierten ihn über weite Strecken ins Landesinnere und lagerten das Material – etwa entlang der Mittelgebirge bzw. dort, wo dichtere Vegetation als „Staubfänger" diente – wieder ab.

VI Lösungen

Lössgebiete sind durch äußerst fruchtbare Böden gekennzeichnet und stellen damit landwirtschaftliche Gunsträume dar. Böden aus Löss sind gut durchlüftet, besitzen gute Wasserspeichereigenschaften und enthalten viele Nährstoffe.

IV 1 Wo in Europa die Erde bebt — Seite 38

1. a) am meisten gefährdete Länder: Griechenland, Türkei, Italien, Balkanstaaten;
   Begründung: Die Länder liegen in einer tektonischen Schwächezone, in der sich die Afrikanische Platte unter die Eurasische Platte schiebt. Im Bereich des östlichen Mittelmeers befinden sich zudem zwei kleinere Platten, die ebenfalls in Bewegung sind (Adriatische Platte, Anatolische Platte). Kollidieren diese Platten oder schieben sich aneinander vorbei, werden Spannungen aufgebaut, die sich ruckartig entladen können.
   b) Dort, wo es in der Vergangenheit Starkbeben gab, ist die auch Wahrscheinlichkeit künftiger Starkbeben hoch. Seismologen müssen sich u. a. auf historische Aufzeichnungen stützen. Schwierig dabei ist, dass teilweise wenige Daten über vergangene Beben vorliegen, etwa in dünn besiedelten Gebieten. Selbst in gut erforschten Regionen werden immer wieder neue Nahtstellen in der Erdkruste entdeckt, sodass eine verlässliche Prognose gefährdeter Gebiete kaum möglich ist.
2. *Individuelle Lösung.* (*Hinweis:* Erdbebenkatastrophen der jüngeren Vergangenheit sind z. B. das Erdbeben von L'Aquila 2009, das Erdbeben in der Osttürkei 2011 und das Erdbeben in Norditalien 2012.)

IV 2 Der Ätna — Seite 39

1. *geografische Lage:* auf der Insel Sizilien (Süditalien), nördlich der Stadt Catania; Höhe: je nach Quelle zwischen etwa 3320 und 3350 m ü. M. (kann aufgrund vulkanischer Aktivitäten variieren)
   tektonische Lage: großräumig im Grenzbereich zwischen der Afrikanischen und Eurasischen Platte, wobei sich die Afrikanische unter die Eurasische Platte schiebt (Subduktionszone). Zudem im Bereich verschiedener Schwächezonen (Verwerfungszonen, Grabenbrüche), die sich kreuzen.
2. a) *Ein Fluch*, weil der Ätna mit seinen Eruptionen immer wieder für Gefahr und Verwüstungen sorgt.
   Ein Segen, weil der Ätna mit seiner Lava für fruchtbaren Boden und damit hervorragende landwirtschaftliche Bedingungen (Wein, Obst) sorgt. Zudem ist der Ätna eine große Touristenattraktion und lockt viele Touristen in die Region (Ätna als Wirtschaftsfaktor).
   b) Die Anwohner wähnen sich in Sicherheit, weil der Ätna als einer der am besten überwachten Vulkane weltweit gilt. Es gibt Vorwarnsysteme (Zusatz: und Evakuierungspläne). Dennoch sollte man die Gefahren, die von einem Vulkan ausgehen, nie unterschätzen.

IV 3 Vulkaninsel Island — Seite 40

1. *geographische Lage:* knapp südlich des nördlichen Polarkreises, ca. 250 km südöstlich von Grönland, zwischen Nordatlantik (im Süden), Europäischem Nordmeer (im Norden/Osten) und Dänemarkstraße (im Westen)
   tektonische Lage: auf der Plattengrenze der Nordamerikanischen und der Eurasischen Platte, auf einem Teil des Mittelatlantischen Rückens (Reykjanes Rücken)
2. Die Nordamerikanische und die Eurasische Platte driften auseinander (Divergenz), an ihrer Plattengrenze dringt Magma nach oben und bildet neue ozeanische Kruste; an der Nahtstelle türmt sich diese zu einem unterseeischen Gebirgsrücken auf, dem Mittelatlantischen Rücken. Auf der Höhe Islands sorgt gleichzeitig ein Mantelplume (der sogenannte Island-Plume) dafür, dass Magma (in Form einer gewaltigen Magmablase) aus dem Erdmantel aufwärts steigt, die Erdkruste nach oben wölbt und zu gesteigertem Vulkanismus (Hotspot-Vulkanismus) führt. Dieser (nach wie vor aktive) Hotspot-Vulkanismus trug entscheidend dazu bei, dass der Mittelatlantische Rücken an dieser Stelle über den Meeresspiegel hinauswachsen und die Vulkaninsel Island entstehen konnte.
3. Bei einer Gletschervulkan-Eruption wird durch das aufsteigende heiße Magma ein teilweises Abschmelzen der Eisdecke über dem Vulkan in Gang gesetzt. Unter der Eisdecke sammelt sich das Schmelzwasser in einem See. Sobald die Eisdecke, die wie eine schützende Barriere wirkt, den Wassermassen nicht mehr standhalten kann, bildet sich ein Gletscherlauf, der als Sturzflut die Eisdecke durchbricht und talwärts strömt. Katastrophale Überschwemmungen können die Folge sein.

VI Lösungen

4. Die (über 30 aktiven) Vulkane Islands heizen den Untergrund auf und sorgen für ein nahezu unbegrenztes Potenzial an geothermischer Energie. Die Geothermie wird – meist in Form von heißem Wasserdampf (aus Bohrlöchern oder natürlichen Quellen) – zur Erzeugung von Wärme und Strom sowie zum Antreiben von Turbinen in Geothermie-Kraftwerken genutzt. (Zusatz: Geothermie wird in Island geradezu verschwenderisch eingesetzt, etwa zum Beheizen von Thermalbädern unter freiem Himmel, sogar von Straßen und Bürgersteigen).

IV 4 Die Entstehung der Alpen — Seite 41

1. **Phase der *Sedimentation*:** Als der Superkontinent *Pangäa* vor rund 200 Millionen Jahren auseinanderbrach, breitete sich zwischen Ur-Afrika und Ur-Europa das *Tethys*-Meer aus. Das zunächst flache *Randmeer* dehnte sich durch das *Auseinanderdriften* der Afrikanischen und Eurasischen Platte aus, es entstanden *Tiefseebecken*. Auf dem Meeresboden lagerten sich *Kalksedimente* ab, an den Küsten wurden *Sande und Tone* ins Meer gespült. Die mächtigen *Sedimentschichten* wurden im Laufe der Zeit verfestigt und in Kalk-, Sand- und Tonsteine umgewandelt.
   Die *alpidische Faltung*: Vor etwa 100 Millionen Jahren begann die *Afrikanische Platte* nach Norden zu wandern und Druck auf das Tethys-Meer auszuüben. Das Meer wurde allmählich zusammengeschoben, wobei die ozeanische Kruste unter die kontinentale Kruste Afrikas abtauchte (*Subduktion*). Durch den Druck kam es teilweise zur *Auffaltung* von Meeresboden und darunterliegenden Gesteinsschichten. Der Abstand zwischen Ur-Afrika und Ur-Europa verringerte sich zunehmend, bis es vor rund 60 Millionen Jahren zur *Kollision* kam. Die Afrikanische Platte schob sich unter die *Eurasische Platte* und große Teile der gewaltigen Gesteinsmassen wurden gestaucht, gefaltet, teilweise zerrissen und übereinandergeschoben.
   Die *alpidische Hebung*: Die eigentliche Hebung der *Alpen* begann vor rund 50 Millionen Jahren durch den weiter zunehmenden Druck der Afrikanischen Platte. Dabei wechselten sich aktive *Hebungsphasen* und *Ruhephasen* ab. Zwei besonders starke Hebungsphasen, vor 20 Millionen und vor 6 Millionen Jahren, ließen die Alpen schließlich zu einem *Hochgebirge* wachsen.
2. Den Hebungsprozessen wirken bis heute Prozesse der Abtragung (Erosion) entgegen. Für einen Großteil der Erosion waren die Gletscher in den letzten Eiszeiten verantwortlich. (Zusatz: Zurzeit werden die Alpen um etwa einen Millimeter im Jahr angehoben, fast ebenso viel wird erodiert.)
3. Die Afrikanische Platte driftet (mit einer Geschwindigkeit von ca. 2 cm pro Jahr) auf die Eurasische Platte zu. Dauert dieser Prozess an, wird das Mittelmeer allmählich von der Afrikanischen Platte „verschluckt" (subduziert) werden. In einigen Millionen Jahren würde der afrikanische Kontinent erneut mit Europa kollidieren und das Mittelmeer verschwunden sein. (Zusatz: Das Mittelmeer würde ein ähnliches Schicksal wie das Urmeer Tethys erleiden. An die Stelle des Mittelmeeres würde eine aufgefaltete Gebirgskette treten, die Himalaya-Ausmaße annehmen und damit die Alpen deutlich übertreffen könnte.)

IV 5 Naturgefahren in den Alpen — Seite 42

1. a) und b)

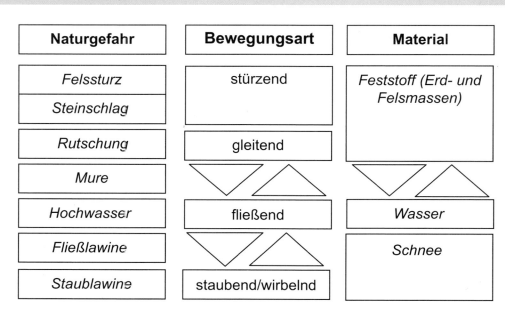

VI Lösungen

2. Das Foto zeigt ein durch einen Felsbrocken getroffenes und zerstörtes Auto. Das Auto ist ausgebrannt. Es handelt sich um eine Steinschlagkatastrophe. Die Insassen hatten vermutlich keine Chance zu entkommen; für sie endete der Steinschlag wahrscheinlich tödlich. Weitere mögliche Steinschlagfolgen: beschädigte Straßen, Gebäude, Infrastruktur …

3. Wälder bieten auf verschiedene Weise einen wichtigen Schutz vor Naturgefahren: Sie festigen den Boden durch intensive und tiefe Durchwurzelung und wirken dadurch (Hang-)Rutschungsprozessen entgegen. Sie halten abrollende Steine und Felsbrocken zurück und erfüllen damit eine Schutzfunktion vor Steinschlag und Felsstürzen. Ebenso mindern sie die Gefahr von Muren. Durch ihre Wasseraufnahme und -speicherfähigkeit reduzieren Wälder den Oberflächenabfluss und verringern somit die Hochwassergefahr (etwa nach Starkregen). Wälder tragen zu (lokal) geringeren Windgeschwindigkeiten, ausgeglichenerem Klima und festeren Schneedecken bei und wirken so der Lawinenbildung entgegen. Bei akuter Lawinenbildung können Wälder die Schneedecke (durch dichte, gleichmäßige Bestockung) festhalten und damit die Wirkungsweise der Lawine deutlich schwächen.

4. *Individuelle Lösung.*
(*Methodischer Hinweis:* evtl. Szenariotechnik anwenden; *inhaltlicher Hinweis:* Die prognostizierten Folgen wie intensivere Niederschläge, extreme Wetterereignisse (insbesondere Starkregen) und das Auftauen von Permafrost führen zu einer Destabilisierung des Bodens bzw. der Hänge und begünstigen damit die Bildung von Naturgefahren wie Muren und Rutschungen. Größere Temperaturschwankungen bedeuten vermutlich (vor allem im Winter) einen häufigeren Wechsel zwischen Tau- und Frostphasen; dies begünstigt die Frostsprengung und damit die Entwicklung von Felsstürzen und Steinschlag (in höheren Lagen auch Eisstürzen). Häufigere Wechsel von Tauwetter und Schneefall bzw. von Regen und Schneefall destabilisieren die Schneedecke, wodurch die Lawinengefahr steigt. Die tendenzielle Erwärmung trägt auch zum Abschmelzen der Gletscher und damit zum Wachstum von Gletscherseen bei, wodurch wiederum das Risiko von Gletscherseeausbrüchen, Muren und letztlich auch von Überschwemmungen erhöht wird.
Der Klimawandel könnte auch (z. B. durch Schädlingsbefall, Hitzestress, Stürme) zur Schwächung der Wälder und damit zur Schwächung ihrer Schutzwirkung vor Naturgefahren führen (vgl. Aufgabe 3).)

V 1 Naturgewalt, Naturgefahr oder Naturkatastrophe? — Seite 43

1. a) Naturkatastrophe (Menschen kamen ums Leben, wurden verletzt oder obdachlos; Gebäudeschäden),
   b) Naturgewalt (es besteht keine akute Gefahr für die Menschen bzw. Besucher),
   c) Naturgefahr (es besteht eine potenzielle Bedrohungsgefahr),
   d) Naturkatastrophe (Menschen sind von Hunger bzw. Mangelernährung akut betroffen; vielen droht der Hungertod),
   e) Naturgewalt (es besteht keine akute Gefahr für das Leben auf der Erde),
   f) Naturgewalt (es bestand keine akute Gefahr für die Menschen vor Ort).

2. *Individuelle Lösung.*

VI Lösungen

V 2 Naturgefahren weltweit — Seite 44

1.

	Erdbeben/ Vulkane	Wirbelstürme (tropische Wirbelstürme, Tornados)	Dürren	Hochwasser / Überschwemmungen
Afrika	Zentral- und Ostafrikanische Schwelle (Ostafrikanischer Graben); Äthiopien/Eritrea (Afar-Dreieck)	Ostküste südliches Afrika, Madagaskar (Zyklone); Südafrika (Tornados)	Sahelzone, südliches Afrika	tiefgelegene Küstengebiete
Asien	z. B. Türkei, Iran, Afghanistan, Pakistan, Südwestchina (Himalaya-Region), Japan, Philippinen, Indonesien	Südostasien (Taifune), Küstenregionen Golf von Bengalen/ Arabisches Meer (Zyklone)	Zentralasien, Mongolei, Nordchina, Zentralindien	Indien/Bangladesch (Ganges-Delta), Pakistan (Indus), China (Huang He), Mündungsgebiete von Lena, Jenissei, Ob
Australien	(Neuseeland)	Nordaustralien (Willy-Willies); Zentralaustralien (Tornados)	v. a. östliche Landesteile	Ostküste
Europa	Mittelmeerraum (v. a. Italien, Balkanstaaten, Griechenland, Türkei); Island, Azoren, Oberrhein	Mittel-, Süd- und Osteuropa (Tornados)	v. a. weite Teile Osteuropas	Nordseeküste; entlang großer Flüsse wie Donau, Elbe, Oder, Rhein
Nordamerika	Westküste, Karibik	Golfküste u. südliche Ostküste der USA, Karibik (Hurrikane); Mittlerer Westen der USA (Tornados)	Mittlerer Westen der USA	Mississippi-Delta; Ostküste der USA
Südamerika	Westküste	Argentinien (Tornados)	Patagonien	Amazonas (Mündungsgebiet)

2. Im Bereich der tropischen Meeresgebiete (i. d. R. zwischen 20° nördlicher und 20° südlicher Breite) sind die Voraussetzungen zur Entstehung tropischer Wirbelstürme wie den Hurrikanen am wahrscheinlichsten: warmes Oberflächenwasser (mind. 27 °C), hohe Luftfeuchtigkeit und warme, aufsteigende Luftmassen, die die Entstehung starker Winde begünstigen (vgl. auch KV II 4, „Tropische Wirbelstürme", Aufgabe 2).

3. a) *Individuelle Lösung.* (Inhaltlicher Hinweis: Der „WeltRisikoBericht" vom „Bündnis Entwicklung Hilft" unterscheidet neben dem natürlichen Faktor der Gefährdung die gesellschaftlichen Faktoren „Anfälligkeit", „Bewältigungskapazitäten" und „Anpassungskapazitäten" > Zur Aufschlüsselung und Erläuterung einzelner Risikofaktoren siehe unter http://www.weltrisikobericht.de.)
   b) *Individuelle Lösung.* (Hinweis: Dass arme Länder stärker durch Naturgefahren gefährdet sind als reiche Länder, hängt allgemein nicht von der natürlichen Gefährdung, sondern vor allem von den gesellschaftlichen Faktoren ab. Arme Länder besitzen eine größere Anfälligkeit durch z. B. unzureichende Infrastruktur, schlechtere Wohnsituationen (unsichere Bauweisen), größere Armut und Versorgungsabhängigkeiten. Hinzu kommen geringere Bewältigungs- und Anpassungskapazitäten; dazu zählen politische Instabilitäten, unzureichende Vorsorgemaßnahmen und Frühwarnsysteme, mangelnde finanzielle Absicherung (z. B. Versicherungen), fehlende Investitionen (z. B. in Umweltschutz- oder soziale Fördermaßnahmen).)

V 3 Der pazifische Raum – aktive Tektonik und Vulkanismus — Seite 45

1. a) ① Eurasische Platte; ② Nordamerikanische Platte; ③ Philippinische Platte; ④ Pazifische Platte; ⑤ Cocos-Platte; ⑥ Karibische Platte; ⑦ Indisch-Australische Platte; ⑧ Nazca-Platte; ⑨ Südamerikanische Platte

VI Lösungen

b) Krakatau: Indonesien; Tambora: Indonesien; Pinatubo: Philippinen; Fujisan (Fudschijama): Japan; Mt. Katmai: USA (Alaska); Mt. St. Helens: USA (Washington); Popocatépetl: Mexiko; Nevado del Ruiz: Kolumbien; Ruapehu: Neuseeland

2. a) Pazifischer Feuerring (auch: zirkumpazifischer Feuerring)
   b) Erdbeben, Tsunamis (als Folge von Seebeben)
3. Die Ursache liegt in der Plattendrift. Der pazifische Raum besteht aus verschiedenen Lithosphärenplatten. In den Randbereichen tauchen ozeanische Krusten unter andere ozeanische oder kontinentale Krusten ab. An den Subduktionszonen werden die abtauchenden Platten teilweise aufgeschmolzen, das gebildete Magma steigt auf und führt zu Vulkanismus. Gleichzeitig führen Verkeilung und Reibung der Platten an den Gleitflächen zu Spannungen, die bei ruckartiger Entladung zu Erdbeben (bzw. bei Seebeben auch zu Tsunamis) führen.

V 4 Naturgefahren in Japan — Seite 46

1. a) bis c) *Lösungsbeispiel:*

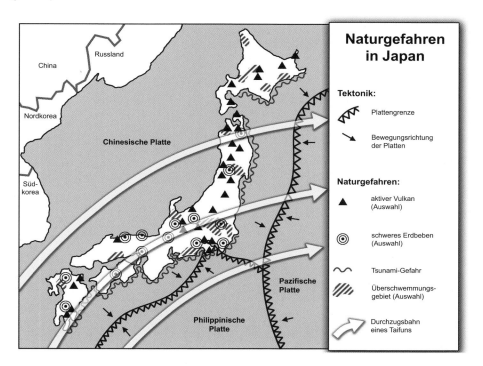

d)

Naturgefahr	betroffene Gebiete
Vulkanismus	*alle Hauptinseln*
Erdbeben	*die drei Hauptinseln Kyushu, Shikoku und Honshu; ein Schwerpunkt folgenschwerer Beben liegt in Zentral-Honshu (zwischen ca. 35° und 37° nördl. Breite), wo sich die Siedlungsschwerpunkte befinden (Zusatz: Entstehungsgebiete von Seebeben finden sich vor allem im Pazifischen Ozean vor der gesamten Ostküste einschließlich Hokkaidos)*
Tsunami	*fast die gesamte Pazifikküste im Osten*
Überschwemmung	*tief gelegene Gebiete in Küstennähe*
Taifun	*Gebiete auf Kyushu, Shikoku und Honshu entlang der (parabelförmigen) Durchzugsbahnen*

2. *Individuelle Lösung.* (Hinweis: Wesentliche Folgen des sogenannten Tōhoku-Bebens und des dadurch ausgelösten Tsunamis: insgesamt über 15 000 Tote, weitere ca. 2800 Vermisste; rund 500 000 obdachlose Menschen (durch Flucht oder Evakuierung aus ihren Häusern); Hunderttausende Tiere, die nicht gerettet werden konnten und starben; 5,5 Mio. Haushalte ohne Strom, rund 1 Mio. Haushalte ohne Wasser; komplette Zerstörung oder Beschädigung von insgesamt rund 360 000 Gebäuden; Schäden an Tausenden Straßen und fast 100 Brücken; als Folge des Tsunamis wurden weite Teile im Nordosten überflutet, es kam zu Dammbrüchen

VI Lösungen

und fast 200 Erdrutschen; mehrere Kernkraftwerke wurden beschädigt, unkontrollierbare Störfälle und der Austritt radioaktiver Strahlung, die zur Kontamination von Luft, Böden, Wasser und Nahrungsmitteln führten, waren die Folge, vor allem im Raum Fukushima; Langzeitschäden für betroffene Menschen und die Umwelt sind kaum absehbar)

V 5 Das Erdbeben in Haiti 2010 — Seite 47

1. *Lösungsbeispiel:*

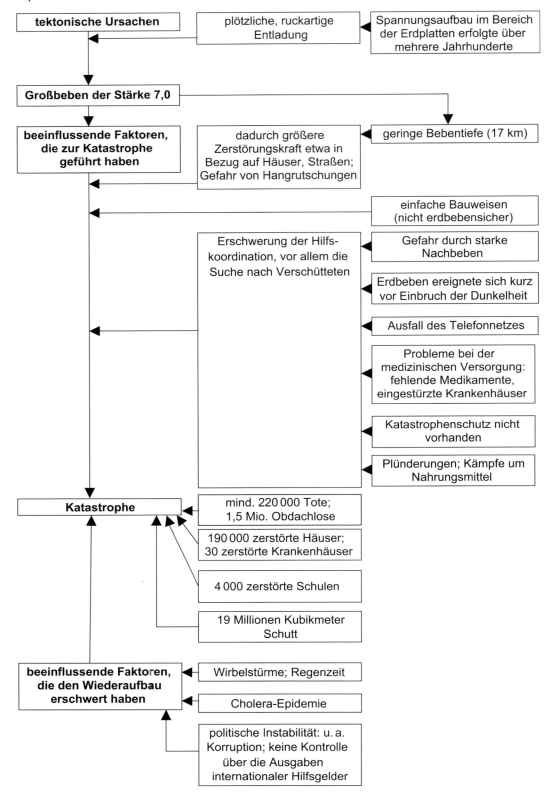

VI Lösungen

V 6 Hawaii – von Vulkanen geschaffen   Seite 48

1. **geografische Lage:** im Pazifischen Ozean, um den 20. nördlichen Breitengrad, rund 3500 km von der amerikanischen Westküste (Kalifornien) entfernt
   tektonische Lage: mitten auf der Pazifischen Platte
2. Auf Höhe von Hawaii befindet sich ein Hotspot, wo ein sogenannter Mantelplume stetig Magma aus dem Erdmantel bis an die Erdoberfläche befördert. Während der Hotspot relativ ortsfest ist, bewegt sich die Pazifische Platte (Lithosphärenplatte) über diesen Hot Spot hinweg, und zwar in nordwestlicher Richtung (vgl. z. B. Atlaskarte). So entstanden über Jahrmillionen immer neue Vulkane; die älteren Vulkane erloschen. Die Vulkane, die durch den gewaltigen Magma-Nachschub teilweise bis über die Meeresoberfläche wuchsen, bilden heute die Hawaii-Inseln. Durch die Bewegungsrichtung der Pazifischen Platte befinden sich die ältesten Inseln im Nordwesten und die jüngsten im Südosten. (Die jüngste Insel ist Big Island, die Hauptinsel Hawaiis, mit noch aktivem Vulkanismus.) Im Vergleich zu den jüngeren Inseln sind die älteren Inseln infolge von Erosion deutlich flacher oder liegen sogar bereits unter dem Meeresspiegel (vgl. Grafik).
3. Zu sehen ist ein ausgedehnter, flach abfallender bzw. schildartig aufgewölbter Vulkankegel. Es handelt sich um einen (typischen) Schildvulkan.
4. Der überwiegende Teil des Mauna Kea befindet sich unter der Meeresoberfläche. Nimmt man also die Höhe ab Meeresoberfläche als Bezugspunkt, dann ist der Mount Everest mit 8848 Metern der höchste Berg der Erde (Höhe des Mauna Kea über dem Meer: 4205 Meter). Nimmt man dagegen den Fuß eines Berges (d. h. die absolute Höhe) als Bezugspunkt, dann ist der Mauna Kea mit über 9000 Metern der höchste Berg der Erde.

V 7 Wirbelstürme in den USA   Seite 49

1. **Häufung von Tornados:** Allgemein wird die Entstehung von Tornados in den USA naturräumlich begünstigt durch das Fehlen von Gebirgen in Ost-West-Erstreckung; dadurch können feucht-warme Tropikluft aus dem Süden und kalte Polarluft aus dem Norden ungehindert zusammentreffen. Der Mittlere Westen ist besonders gefährdet durch die Lage der weiten Ebenen der Great Plains nördlich des tropischen Golf von Mexiko und östlich des Hochgebirges der Rocky Mountains. Die feuchtwarme Luft aus dem Golf von Mexiko wird von den Rocky Mountains nach Norden abgelenkt. Über die warmen Luftmassen legt sich die trocken-kalte Luft aus westlicher Richtung. Hinzu kommen kalte Fallwinde aus den Rocky Mountains. All dies führt letztlich zu einer labilen Schichtung der Luftmassen mit viel latenter Wärme und einer Richtungsscherung des Windes – den Grundvoraussetzungen für die Entstehung von Tornados.
   Häufung von Hurrikans: Die Entstehungsgebiete der Hurrikans, die die Golf- und südliche Ostküste der USA erreichen, liegen im Bereich des Golf von Mexiko, der Karibik bzw. im westlichen Atlantik (zwischen ca. 10° und 20° nördl. Breite). Verlaufen die Zugbahnen in Richtung US-Küste, können sie dort zu Überflutungen führen und katastrophale Folgen haben.
2. *Individuelle Lösung.* (*Online-Recherchetipps:*
   Oklahoma Tornado Outbreak:
   http://de.wikipedia.org/wiki/Oklahoma_Tornado_Outbreak,
   http://en.wikipedia.org/wiki/1999_Oklahoma_tornado_outbreak,
   http://www.planet-wissen.de/natur_technik/klima/tornados/index.jsp,
   http://www.schmidtcam.de/wissenswertes.htm,
   http://www.wetterbild.de/wetterrevue/blitzlic/011torna.html,
   http://www.srh.noaa.gov/oun/?n=events-19990503,
   http://www.spiegel.de/panorama/oklahoma-59-tornados-verwuesten-die-region-a-20868.html;
   Hurrikan Katrina:
   http://de.wikipedia.org/wiki/Hurrikan_Katrina,
   http://www.planet-wissen.de/natur_technik/naturgewalten/stuerme/katrina.jsp,
   http://www.naturgewalten.de/katrina.htm,
   http://www.geo.de/GEO/natur/4317.html)

VI Lösungen

V 8 Indischer Monsun   Seite 50

1. Lösungsbeispiel:

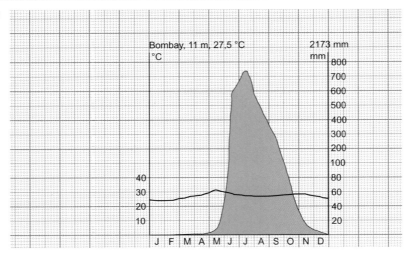

2. Lösungsbeispiel:

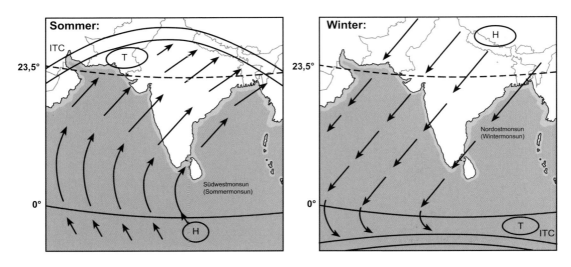

3. **Monsunklima im Sommer** (Juni bis September): **Merkmale:** sehr warm und feucht; **Ursachen:** ITC verlagert sich nach Norden > über Indien entsteht ein Hitzetief > Südostpassat bewegt sich über den Äquator und wird (durch Corioliskraft) zum Südwestmonsun (Sommermonsun) abgelenkt > Feuchtigkeit wird über dem Meer aufgenommen und führt über Indien zu hohen Niederschlägen
Monsunklima im Winter (Januar bis März): **Merkmale:** sehr warm und trocken; **Ursachen:** ITC verlagert sich nach Süden > über Asien entwickelt sich ein Kältehoch, es besteht ein Luftdruckgefälle vom Land zum Meer > Nordostmonsun (Wintermonsun) führt mit seiner Kontinentalluft in weiten Teilen Indiens zu Trockenheit

V 9 Land unter in Bangladesch   Seite 51

1. *Individuelle Lösung.*
   (*Hinweis:* Sinnvoll erscheint eine Mindmap etwa mit den drei Hauptästen „**Ursachen**" (> anthropogene/ natürliche Ursachen), „**Auswirkungen**" (> Ernteausfälle, Epidemien, Hunger, Beispielkatastrophen 1970, 1991, 1998, 2012) und „**Katastrophenschutz**" (> Maßnahmen, Probleme) (in Klammern mögliche Unteräste; davon ausgehend lassen sich weitere Äste bzw. Zweige entsprechend der Textinformationen ergänzen.)
2. mögliche Folgen:
   – Überflutung/Erosion der Küstengebiete > Verschiebung der Küstenlinie landeinwärts > Verlust von Land (Siedlungs-, Landwirtschafts-, Mangrovenflächen) > existenzielle Bedrohung für viele Menschen durch Zerstörung ihrer Lebensgrundlage > Flucht und Migration der Bevölkerung z. B. in höher gelegene Gebiete/ins Landesinnere (Umweltflüchtlinge) > dort Verschärfung der Bevölkerungssituation durch zusätzlichen Bevölkerungsdruck;

VI Lösungen

- Überflutung und damit Zerstörung der Mangrovenwälder im Küstenbereich bedeutet Verlust der natürlichen Schutzfunktion > Sturmfluten und Wirbelstürme würden ungebremst und mit größerer Zerstörungskraft aufs Land treffen;
- Pegelanstieg in den großen Flüssen > Erhöhung der Fluthöhe > Anstieg der Überflutungsgefahr im Landesinneren;
- Anstieg der Sturmfluthöhen und damit der Überschwemmungsgefahr;
- Versalzung von Trink- und Bewässerungswasser (durch Eindringen von Salzwasser in küstennahes Grundwasser);
- Anstieg der Gefahr von Krankheiten bzw. Seuchen in Überschwemmungsgebieten, z. B. von Cholera und Malaria

V 10 Dürregefahr in der Sahelzone — Seite 52

1. **M1:** Insgesamt zeigt die Grafik eine hohe Niederschlagsvariabilität in der Sahelzone. Bis etwa 1920 ist ein häufiger Wechsel von feuchten und trockenen Jahren zu beobachten, ab 1920 nahmen die feuchteren Jahre zu, der Zeitraum 1950 bis 1970 war besonders feucht. Seit Beginn der 1970er Jahre ist eine Trendumkehr zu beobachten, Niederschlagsdefizite treten vergleichsweise häufiger auf: Der Zeitraum von 1950 bis 1970 war extrem trocken, bis in die 2000er Jahre sind die Jahre bis auf drei Ausnahmen – überdurchschnittlich trocken (im Vergleich zum langjährigen Mittel).
M2: Zwischen den Vergleichszeiträumen 1930 bis 1960 und 1961 bis 1990 ist ein Anstieg der Temperatur festzustellen (um durchschnittlich 0,4 °C), gleichzeitig sanken die Niederschläge (um 71 mm im Jahresmittel). Besonders deutlich ist der Rückgang im August (von 127 mm auf 75 mm).
Sowohl **M1** (bezogen auf die gesamte Sahelzone) als auch **M2** (bezogen auf Goa) spiegeln den Trend einer tendenziell zunehmenden Trockenheit und damit einer wachsenden Dürregefährdung der Sahelzone wider.
2. *Lösungsbeispiel:*

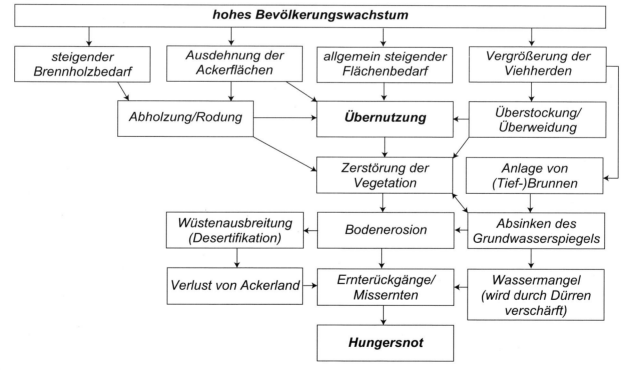

Illustrations- und Bildquellenverzeichnis

Illustrationen

Schalenbau (S. 6), Pangäa, Erdplatten (S. 7): Marion El-Khalafawi / Plattenbewegung (S. 8): Oliver Wetterauer / Erdbeben (S. 9): Marion El-Khalafawi / Seismograf (S. 11), Tsunami (S. 11), Warnsystem (S. 12): Oliver Wetterauer / Vulkanaufbau (S. 14), Vulkantypen (S. 15 oben): Marion El-Khalafawi / Vulkanische Gefahren (S. 16), Erdatmosphäre (S. 18), Zirkulationsschema (S. 19): Oliver Wetterauer / Illustrationen (S. 21–24), Wasserstände (S. 26): Marion El-Khalafawi / Gletscher (S. 27), Deutschlandkarte (S. 30): Oliver Wetterauer / Deich (S. 35): Marion El-Khalafawi / Pazifischer Feuerring (S. 45), Hot Sport (S. 48), Südasien-Karte (S. 50), Japan (S. 71): Oliver Wetterauer

Bildquellenverzeichnis

Eruptionsarten A, B und C (S. 15) © Fotograf: Sémhur, Wikimedia Commons, lizenziert unter Creative Commons BY-SA-3.0.de, URL: http://creativecommons.org/licenses/by-sa/3.0/de/legalcode / Schild Lawinengefahr (S. 17), © T. Michel – Fotolia.com / Pegel (S. 25), © Heiner Witthake – Fotolia.com / Sturmflut (S. 25), © Deutscher Wetterdienst / Hochwasser (S. 26), © mhp – Fotolia.com / Lockerschneelawine (S. 27), Quelle: Stephan Harvey, WSL-Institut für Schnee- und Lawinenforschung SLF / Staublawine (S. 27), © jancsi hadik – Fotolia.com / Schneebrett (S. 27), Quelle: Thomas Stucki, WSL-Institut für Schnee- und Lawinenforschung SLF / Schnee auf Hütte (S. 42), © Fotograf: Scientif38, Wikimedia Commons, lizenziert unter Creative Commons BY-SA-3.0.de, URL: http://creativecommons.org/licenses/by-sa/3.0/de/legalcode / Steinschlag auf Auto © picture alliance / epa Keystone Sigi Tischler / Mauna Loa © Fotograf: Gordon Joly, Wikimedia Commons, lizenziert unter Creative Commons BY-SA-3.0.de, URL: http://creativecommons.org/licenses/by-sa/3.0/de/legalcode